一本书明白

鹅高效养殖技术

YIBENSHU
MINGBAI
E
GAOXIAO
YANGZHIJISHU

韩占兵　赵金艳　倪俊娟　主编

“十三五”国家重点图书出版规划

新型职业农民书架·养活天下系列

山东科学技术出版社　山西科学技术出版社　中原农民出版社
江西科学技术出版社　安徽科学技术出版社　河北科学技术出版社
陕西科学技术出版社　湖北科学技术出版社　湖南科学技术出版社
中原农民出版社　联合出版

图书在版编目(CIP)数据

一本书明白鹅高效养殖技术 / 韩占兵，赵金艳，倪俊娟主编 .—郑州：中原农民出版社，2017.10
（新型职业农民书架）
ISBN 978-7-5542-1787-0

Ⅰ . ①一… Ⅱ . ①韩… ②赵… ③倪… Ⅲ . ①鹅—饲养管理 Ⅳ . ① S835.4

中国版本图书馆 CIP 数据核字（2017）第 235234 号

一本书明白鹅高效养殖技术

主　编：韩占兵　赵金艳　倪俊娟
副主编：金喜新　韩小花　陈保军　周小玲

出版发行　中原农民出版社
（郑州市经五路66号　邮编：450002）
电　　话　0371-65788655
印　　刷　河南安泰彩印有限公司
开　　本　787mm × 1092mm　1/16
印　　张　11.5
字　　数　187千字
版　　次　2018年9月第1版
印　　次　2018年9月第1次印刷

书　　号　ISBN 978-7-5542-1787-0
定　　价　49.00元

目录
Contents

专题一　标准化鹅场规划设计与环境安全控制 …… 1
Ⅰ 标准化鹅场规划设计 …… 1
Ⅱ 鹅场环境安全控制 …… 12
Ⅲ 鹅舍环境控制 …… 21

专题二　鹅安全生产中饲草、饲料标准化生产技术 …… 25
Ⅰ 鹅的饲养标准 …… 25
Ⅱ 鹅常用的精、粗饲料选用配制技术 …… 33
Ⅲ 鹅的青粗饲料安全生产技术 …… 70

专题三　鹅群安全生产管理技术 …… 97
Ⅰ 雏鹅安全生产管理技术 …… 97
Ⅱ 育成鹅及肉仔鹅安全生产技术 …… 106
Ⅲ 种鹅安全生产管理技术 …… 114
Ⅳ 种鹅孵化技术 …… 122

专题四　鹅产品安全生产技术 …… 143
Ⅰ 鹅产品概述 …… 143
Ⅱ 鹅产品安全生产及加工技术 …… 147

专题一
标准化鹅场规划设计与环境安全控制

专题提示

鹅场建设更应注意科学化和规范化，因为鹅属于水禽，场址、场舍一般水源或水域面较大，若规划不好，很容易导致各种问题的发生。规模鹅场各类建筑物间的布局要做到因地制宜，科学合理，以节约资金，提高土地利用率。设计规范、布局合理的鹅场既便于饲养管理，又有利于防疫工作的开展，减少疾病的入侵。

I 标准化鹅场规划设计

一、选址

（一）地形地势

鹅场应选在地势较高、干燥平坦及排水良好的场地，要避开低洼潮湿地，远离沼泽地。地势要向阳背风，以保持场区小气候温热状况的相对稳定，减少冬春季风雪的侵袭。

平原地区一般场地比较平坦、开阔，应将场址选择在较周围地段稍高的地方，以利排水防涝。地面相对坡度以1%～3%为宜，且地下水位至少低于建筑物地基0.5米以下。对靠近河流、湖泊的地区，场地应比当地水文资料中最高水位高1～2米，以防涨水时被水淹没。

山区建场应选在稍平缓的坡上，坡面向阳，总坡度不超过25%，建筑区坡度应在2.5%以内。山区建场还要注意地质构造情况，避开断层、滑坡、塌方的地段，也要避开坡底和谷地及风口，以免受山洪和暴风雪的袭击。有些山区的谷地或山坳，常因地形地势限制，易形成局部空气涡流现象，致使场区内污浊空气长时间滞留、潮湿、阴冷或闷热，因此应注意避免。场地地形宜开阔整齐，避免过多的边角和过于狭长。

（二）水源水质

鹅场要有水质良好和水量丰富的水源，同时便于取用和进行防护，具体要求见表 1 和表 2。

表 1　畜禽饮用水质量要求

项目	自备水	地面水	自来水
大肠杆菌值（个 / 升）	3	3	
细菌总数（个 / 升）	100	200	
pH	5.5 ~ 8.5		
总硬度（毫克 / 升）	600		
溶解性总固体（毫克 / 升）	2 000		
铅（毫克 / 升）	Ⅳ级地下水标准	Ⅳ级地下水标准	饮用水标准
铬（六价，毫克 / 升）	Ⅳ级地下水标准	Ⅳ级地下水标准	饮用水标准

表 2　畜禽饮用水中农药限量指标（单位：毫克 / 毫升）

项目	马拉硫磷	内吸磷	甲基对硫磷	对硫磷	乐果	林丹	百菌清	甲萘威	2，4-二氯苯氧乙酸
限量	0.25	0.03	0.02	0.003	0.08	0.004	0.01	0.05	0.1

（三）土壤地质

鹅场地面要平坦，向南或东南稍倾斜，背风向阳，场地面积大小要适当，土壤结构最好是沙质壤土，这种土壤排水性能好，能保持鹅场的干燥卫生。

（四）气候因素

气候状况不仅影响建筑规划、布局和设计，而且会影响鹅舍朝向、防寒与遮阳设施的设置，与鹅场防暑、防寒日程安排等也十分密切。因此，规划鹅场时，需要收集拟建地区与建筑设计有关和影响鹅场小气候的气候气象资料及常年气象变化、灾害性天气情况等，如平均气温，绝对最高气温、最低气温，土壤冻结深度，降水量与积雪深度，最大风力，常年主导风向、风向频率，日照情况等。各地均有民用建筑热工设计规范和标准，在鹅舍建筑的热工计算时可以参照使用。

（五）社会条件

1. 城乡建设规划

家禽场选址应符合本地区农牧业发展总体规划、土地利用发展规划、城乡建设发展规划和环境保护规划，不要在城镇建设发展方向上选址，以免影响城乡人民的生活环境，造成频繁的搬迁和重建。

2. 交通运输条件

家禽场每天都有大量的饲料、粪便、产品进出，所以场址应尽可能接近饲料产地和加工地，靠近产品销售地，确保其有合理的运输半径。大型集约化商品场，其物资需求和产品供销量极大，对外联系密切，故应保证交通方便。场外应通有公路，但应远离交通干线。

3. 电力供应情况

家禽场生产、生活用电都要求有可靠的供电条件，一些家禽生产环节如孵化、育雏、机械通风等电力供应必须绝对保证。通常，建设畜牧场要求有二级供电电源。在三级以下供电电源时，则需自备发电机，以保证场内供电的稳定可靠。为减少供电投资，应尽可能靠近输电线路，以缩短新线路敷设距离。

4. 卫生防疫要求

为防止家禽场受到周围环境的污染，选址时应避开居民点的污水排出口，不能将场址选在化工厂、屠宰场、制革厂等容易产生环境污染企业的下风向处或附近。在城镇郊区建场，距离大城市 20 千米，小城镇 10 千米。按照畜牧场建设标准，要求距离铁路、高速公路、交通干线不小于 1 千米，距离一般道路不小于 500 米，距离其他畜牧场、兽医机构、畜禽屠宰厂不小于 2 千米，距居民区不小于 3 千米，且必须在城乡建设区常年主导风向的下风向。禁止在以下地区或地段建场：规定的自然保护区、生活饮用水水源保护区、风景旅游区；受洪水或山洪威胁及有泥石流、滑坡等自然灾害多发地带；自然环境污染严重的地区。

5. 土地征用需要

必须遵守十分珍惜和合理利用土地的原则，不得占用基本农田，尽量利用荒地和劣地建场。大型家禽企业分期建设时，场址选择应一次完成，分期征地。近期工程应集中布置，征用土地满足本期工程所需面积，远期工程可预留用地，随建随征。征用土地可按场区总平面设计图计算实际占地面积。

二、鹅场的布局

鹅场规划的原则是分区规划，按照生产目的进行功能区规划。在满足卫生防疫等条件下，建筑紧凑，以节约土地、满足生产需要。

1. 鹅场的分区（图1）

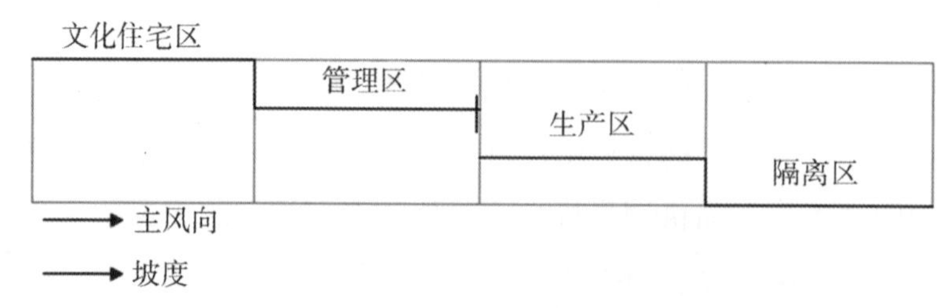

图1　各区按风向、坡度建设示意图

2. 场区绿化（图2）

绿化是鹅场规划建设的重要内容，要结合区与区之间、舍与舍之间的距离、遮阳及防风等需要进行。可根据当地实际种植能美化环境、净化空气的树种和花草，但不宜种植有毒、有飞絮的植物。

图2　场区绿化示意图

三、鹅舍建筑

（一）育雏舍

南北方育雏鹅舍（图 3）大致相同，一般都采用离地的漏缝地板式或网床养殖，使雏鹅与粪便隔离，防止受粪便中有害细菌的感染。为了保温，网床上方可以安装红外保温灯，或者在网床下方地下或地面设置炉火烟道向舍内供暖。网床内还给予料槽和饮水器。南方的网床往往是单层的，北方的多为多层，主要是为了对雏鹅更好地保暖。雏鹅在舍内的饲养时间根据外界气温变化而定，夏季时间短于冬季。

图 3　育雏鹅舍

（二）育肥舍

育肥鹅舍内可设计成棚架（图 4），分单列式和双列式两种。

图 4　棚架育肥鹅舍

在北方常见的是旱养鹅舍（图 5），由于北方干燥缺水，冬季天气寒冷，因此需要建造砖瓦结构和轻钢结构的鹅舍，同时采用旱养、半旱养的养殖模式。

图5　北方旱养鹅舍

（三）种鹅舍

图6　种鹅舍

图7　种鹅舍

种鹅舍（图 6，图 7）建筑视地区气候而定，一般也有固定鹅舍和简易鹅舍之分，舍内鹅栏有单列式和双列式两种。现在养鹅生产中鹅舍类型有开放式、半封闭式（图 8）和全封闭式。

图 8　半封闭式鹅舍

（四）孵化室

孵化室设计应注重以下几点：

1. 保温性好

孵化厅的地面、屋顶、四周墙壁具有良好的保温性能。外墙厚度应为 37 厘米，地面填 20 厘米厚的炉灰渣后，用水泥浇地。地面的承重能力应大于 700 千克 / 米 ^{2}。

2. 通风性能良好

孵化室要求通风性能良好，孵化室二氧化碳的含量应小于 0.01%。孵化室的门应与孵化机的门呈垂直方向或错开位置。门窗的位置应尽量避免室外气流直接通向室内，孵化室窗子面积不宜过大。

3. 隔离措施好

孵化室应与外界保持可靠的隔离，与鹅舍的距离至少应有 50 米，以免来自鹅舍的病原微生物横向传播。孵化厂的工艺流程：种蛋选择、装盘、消毒、入库、预温消毒、孵化、出雏、性别鉴定、包装、外运。

小知识

鹅舍设计与建造的基本原则

1. 满足建筑功能要求

家禽场建筑物有一些独特的性质和功能，要求这些建筑物既具有一般房屋的功能，又有适应家禽饲养的特点。由于场内饲养密度大，所以需要有兽医卫生及防疫设施和完善的防疫制度；由于有大量的废弃物产生，所以场内必须具备完善的粪尿处理系统，还必须有完善的供料贮料系统和供水系统。这些特性，决定了家禽场的设计、施工只有在畜牧兽医专业技术人员参与下，才能使其生产工艺和建筑设计符合家禽场生产的要求，从而保证设计的科学性。

2. 符合家禽生产工艺要求

规模化家禽场通常按照流水式生产工艺流程，进行高效率、高密度、高品质生产，鹅舍建筑设计应符合家禽生产工艺要求，便于生产操作及提高劳动生产率，利于集约化经营与管理，满足机械化、自动化所需条件和留有发展余地。这就要求首先要在卫生防疫上确保本场人、禽安全，避免外界的干扰和污染，同时也不污染和影响周围环境；其次要求场内各功能区划分和布局合理，各种建筑物位置恰当，便于组织生产；再次要求禽场总体设计与鹅舍单体设计相配套，鹅舍单体设计与建造符合家禽的卫生要求和设备安装的要求；最后要求按照“全进全出”的生产工艺组织家禽业的商品化生产。

3. 有利于各种技术措施的实施和应用

正确选择和运用建筑材料，根据建筑空间特点，确定合理的建筑形式、构造和施工方案，使鹅舍建筑坚固耐用，建造方便。同时鹅舍建筑要利于环境调控技术的实施，以便保证家禽良好的健康状况和高产。

4. 注意环境保护和节约投资

既要避免家禽场废弃物对自身环境的污染，又要避免外部环境对家禽场造成污染，更要防止家禽场对外部环境的污染。要搞好家禽场环境保护，合理选择场址及规划是先决条件，重视以废弃物处理为中心的环境保护设计，大力进行生态家禽场建设，充分利用废弃物，是环境保护的重要措施。

在鹅舍设计和建造过程中，应进行周密的计划和核算，根据当地的技术、经济和气候条件，因地制宜、就地取材，尽量做到节省劳动力、节约建筑材料，减少投资。在满足先进的生产工艺前提下，尽可能做到经济实用。

四、鹅舍设施

（一）育雏设备

在育雏室内砌筑地上火龙（图 9）供温，可增加室内育雏面积，温度均匀、稳定，且无煤气中毒的危险。网上育雏设备见图 10。

图 9　地上火龙

图 10　网上育雏设备

（二）中鹅、成鹅喂料器和饮水器

育雏完毕后的中鹅应有适当高度的饮水器和喂料器，可在瓦盆、水槽周围用竹条围起，使鹅能将头伸进啄食而不能踩进饲料盆。鹅龄较大时也可不用竹围，但盆必须有一定的高度。盆上沿的高度应随鹅龄的增加而及时调整，原则上以鹅能采食为好。木制饲槽应适当加以固定，防止碰翻。也可自制水泥饲槽，饲槽长度一般为 50 ～ 100 厘米，上宽 30 ～ 40 厘米，下宽 20 ～ 30 厘米，高 10 ～ 20 厘米，内面应光滑。

（三）围栏和旧渔网

鹅群放牧时应随身携带围栏或旧渔网。鹅群放牧一定时间后，用围栏或渔网围起，让鹅群休息。

（四）产蛋箱和孵化箱

一般可不设产蛋箱，仅在种鹅舍内一角围出一个产蛋室让母鹅自由进出。育种场和繁殖场需做记录时可设立自闭式产蛋箱，天然孵化时应备有孵化箱。但也可用砖垒成孵化巢。孵化箱和孵化巢可做成上宽下小的圆形锅状巢。上直径 40 ～ 45 厘米，下直径 20 ～ 25 厘米，高 35 ～ 45 厘米。里面铺上稻草，孵化箱或孵化巢都应高离地面 10 ～ 15 厘米。巢与巢之间应有一定距离，以防止孵鹅打架或偷蛋。

（五）运输鹅或种蛋的笼或箱

应有一定数量的运输育肥鹅或种鹅的笼子，可用竹子制成，长 80 厘米，宽 60 厘米，高 40 厘米，种鹅场还应有运种蛋和雏鹅的箱子，箱子应保温、牢固。此外，不管是何种鹅舍，均需备足新鲜干燥的稻草以作垫料之用，可在秋收时收购并储备起来，苫上草帘或苫布，以防淋雨霉变。

（六）环境控制设备

1. 控温设备

包括降温设备和采暖设备，常见有以下几种设施。

（1）湿帘风机降温系统（图 11） 该系统由湿帘（或湿垫）、风机、循环水路与控制装置组成，具有设备简单、成本低廉、降温效果好、运行经济等特点，比较适合高温干燥地区。

图 11 湿帘风机降温系统

在湿帘风机降温系统中，关键设备是湿帘。国内使用比较多的是纸质湿帘，采用特种高分子材料与木浆纤维空间交联，加入高吸水、强耐性材料胶结而成，具有耐腐蚀、使用寿命长、通风阻力小、蒸发降温效率高、能承受较高的过流风速、安装方便、便于维护等特点。湿帘风机降温系统是目前最成熟的蒸发降温系统。

湿帘的厚度以 100 ～ 200 毫米为宜，干燥地区应选择较厚的湿帘，潮湿地区所用湿帘不宜过厚。

（2）喷雾降温系统　用高压水泵通过喷头将水喷成直径小于100微米的雾滴，雾滴在空气中迅速汽化吸收舍内热量从而使舍温降低。常用的喷雾降温系统主要由水箱、水泵、过滤器、喷头、管路及控制装置组成，该系统设备简单，效果显著，但易导致舍内湿度提高。若将喷雾装置设置在负压通风鹅舍的进风口处，雾滴的喷出方向与进气气流相对，雾滴在下落时受气流的带动而降落缓慢，延长了雾滴的汽化时间，可提高降温效果。但鹅舍雾化不全时，易淋湿羽毛影响生产性能。

（3）电热式保温伞　热源主要为红外线灯泡和远红外板，伞内温度由电子控温器控制，可将伞下距地面5厘米处的温度控制在26～35℃，温度调节方便。

（4）燃气式保温伞　主要由辐射器和保温反射罩组成。可燃气体在辐射器处燃烧产生热量，通过保温反射罩内表面的红外线涂层向下反射远红外线，以达到提高伞下温度的目的。燃气式保温伞内的温度可通过改变悬挂高度来调节。

由于燃气式保温伞使用的是气体燃料（天然气、液化石油气和沼气等），所以育雏室内应有良好的通风条件，以防由于不完全燃烧产生一氧化碳而使雏鹅中毒。

（5）热风炉供暖系统（图12）　主要由热风炉、送风风机、风机支架、电控箱、连接弯管、有孔风管等组成。热风炉有卧式和立式两种，是供暖系统中的主要设备。它以空气为介质，采用燃煤板式换热装置，送风升温快，热风出口温度为80～120℃，热效率达70%以上，比锅炉供热成本降低50%左右，使用方便、安全，是目前推广使用的一种采暖设备。可根据鹅舍供热面积选用不同功率的热风炉。立式热风炉顶部的水套还能利用烟气余热提供热水。

图12　热风炉供暖系统

2. 通风设备

主要是风机，包括轴流风机和离心风机。

3. 照明设备

（1）人工光照设备　包括白炽灯、荧光灯。

（2）照度计　可以直接测出光照强度的数值。由于家禽对光照的反应敏感，鹅舍内要求的照度比日光低得多，应选用精确的仪器。

（3）光照控制器　基本功能是自动启闭鹅舍照明灯，即利用定时器的多个时间段自编程序功能，实现精确控制舍内光照时间。

Ⅱ 鹅场环境安全控制

一、水源、土壤安全防护

（一）水源防护

1. 地表水水源卫生防护

地表水水源卫生防护必须遵守下列规定：①取水点周围半径 100 米的水域内，严禁捕捞、网箱养殖、停靠船只、游泳和从事其他可能污染水源的任何活动。②取水点上游 1 000 米至下游 100 米的水域不得排入工业废水和生活污水；其沿岸防护范围内不得堆放废渣，不得设立有毒、有害化学物品仓库、堆栈，不得设装卸垃圾、粪便和有毒有害化学物品的码头，不得使用工业废水或生活污水灌溉及施用难降解或剧毒的农药，不得排放有毒气体、放射性物质，不得从事放牧等有可能污染该水域水质的活动。③以河流为给水水源的集中式供水，由供水单位及其主管部门会同卫生、环保、水利等部门，根据实际需要，可把取水点上游 1 000 米以外的一定范围河段划为水源保护区，严格控制上游污染物排放量。④受潮汐影响的河流，其生活饮用水取水点上游及其沿岸的水源保护范围应相应扩大，其范围由供水单位及其主管部门会同卫生、环保、水利等部门研究确定。⑤作为生活饮用水水源的水库和湖泊，应根据不同情况，将取水点周围部分水域或整个水域及其沿岸划为水源保护区，并按①、②的规定执行。⑥对生活饮用水水源的输水明渠、暗渠，应重点保护，严防污染和水量流失。

2. 地下水水源卫生防护

必须遵守下列规定：①生活饮用水地下水水源保护区、建筑物的防护范围及影响半径的范围，应根据生活饮用水水源地所处的地理位置、水文地质条件、供水的数量、开采方式和污染源的分布，由供水单位及其主管部门会同卫生、环保及规划设计、水文地质部门研究确定。②在单井或井群的影响半径范围内，不得使用工业废水或生活污水灌溉和施用难降解或剧毒的农药，不得修建渗水厕所、渗水坑，不得堆放废渣或铺设污水渠道，并不得从事破坏深层土层的活动。③工业废水和生活污水严禁排入渗坑或渗井。④人工回灌的水质应符合生活饮用水水质要求。

（二）土壤安全防护

防止土壤污染，可采取以下措施：①加强对鹅场废水、粪污等的治理和综合利用，防止向土壤任意排放含各种污染物质的废物。②合理使用兽药和疫苗，积极发展高效、低毒、低残留的兽药药。③对粪便、垃圾和生活污水进行无害化处理。④慎重推广污水灌溉，对灌溉农田的污水要严格进行监测和控制，最好使用处理后的污水灌田。⑤采用好氧生物堆肥处理技术，减少环境污染。好氧堆肥处理技术，就是将畜禽粪便单独或与其他填充料（如木屑、稻壳、作物秸秆粗粉等）混合堆肥，并进行充气和搅拌，使其充分发酵后作为农用。

二、生物安全防护

（一）环境控制

新建畜禽场选址应贯彻隔离原则并注意常年主风向，水、电和饲料供应、污水处理及其他附属设施等，使畜禽场远离居民区和其他畜禽场及屠宰加工厂、集贸市场和交通要道，通常要有 1 ～ 2 千米的距离。畜禽场的生产区和生活区，二者之间最好要有 200 米的缓冲防疫隔离带。

（二）人员的控制

人员是畜禽疾病传播中最危险、最常见也最难以防范的传播媒介，必须靠严格的制度进行有效控制。

要制定严格的生物安全防疫规章制度，对所有生产工作人员进行生物安全制度培训，使遵守防疫制度成为他们自觉的习惯。工作人员进入畜禽生产区要淋浴更换干净的工作服、工作靴。工作人员进入或离开每一栋舍要养成清洗双手、踏消毒池消毒鞋靴的习惯。尽可能减少不同功能区内工作人员交叉现象。主管技术人员在不同单元区之间来往应遵从清洁区至污染区、从日龄小的畜群到日龄大的畜群的顺序。饲养员及有关工作人员应远离外界畜禽病原污染源，不允许私自养动物。有条件的畜禽场，可采取封闭隔离制度，安排员工定期休假。

尽可能谢绝外来人员进入生产区参观访问，经批准允许进入参观的人员要进行淋浴更换生产区专用服装、靴帽，并对其姓名及来历等内容进行登记。杜绝饲养户之间随意互相串门的习惯。工作人员应定期进行健康检查，防止人畜互感疾病。采用微机闭路监控系统，便于管理人员和参观者不用频繁进入生产区。

（三）畜禽生产群的控制

畜禽要来源于疫病控制工作完善的场。每一个单元隔离小区严格实行“全进全出”的饲养方式，同群畜禽尽量做到免疫状态相同、年龄相同、来源相同、品种相同。根据畜禽不同品种、不同年龄、不同季节制定适宜的饲养密度，实施合理的生物安全水平管理。尽可能减少日常饲养管理操作中对畜禽群的应激因素，使畜禽保持健康稳定的免疫力。保持对畜禽生产群的日常观察和病情分析，对饲养管理的每一个环节进行监控，排除所有潜在的危害性因素。定期进行健康状况检查和免疫状态监测，保持畜禽恒定的免疫水平。

（四）对物品、设施和工具的清洁与消毒处理

器具和设备必须经过彻底清洗和消毒之后方可带入畜禽舍，日常饮水、喂料器具应定期清洗、消毒。

（五）饲料、饮水的控制

必须保证提供充足的营养，保证畜禽发挥最佳的生产性能。

使用符合无公害标准要求的全价配合饲料，推行氨基酸平衡日粮，减少余氮排出对环境的污染。保证水源中矿物质、细菌和化学污染成分符合畜禽饮用水标准，定期进行检测。防止饮水、饲料在运转过程中受到污染。

（六）垫料及废弃物、污物处理

垫料、粪尿、污水、动物尸体，都应严格进行无害化处理，应建立生化处理设施，对垫料、粪尿、污水应进行生化处理和降解，动物尸体应深埋或化制。

生物安全防护

为确保新鹅群能在一个无害虫、无疾病的鹅舍中安全饲养，就需要工作人员保持高度警惕并做好如下工作：

第一，谢绝外人参观。所有工作人员进入生产区须更衣、淋浴，并穿上清洁的防水工作服和高筒靴。

第二，饲养人员每次进入禽舍前，先用刷子刷洗靴子，再脚踏足浴消毒池。消毒水的深度应可淹没脚面。每日更新足浴消毒液。足浴池是提醒每一个员工遵循生物安全措施的一个永久性标志物。用清水洗净双手，再用70%乙醇喷雾消毒手面和手心。

第三，用消毒液冲洗和消毒所有进入鹅场的车辆。车辆驾驶员入场后应待在驾驶室内。有必要下车操作时，须事先更衣洗澡，或穿上清洁的隔离服、长筒靴。在多龄鹅场卸货时，应遵循从小鹅群向老鹅群转移的工作路线，或从健康群到患病群的路线。兽医和其他人员也须遵循这一原则。

第四，每天以禽用消毒剂和洗涤混合液清洗饮水器。碘伏消毒液为上佳选择，因为它可以除去藻类和黏性物质，对鹅毒性低，其棕色特征可以帮助管理者检查饲养员是否进行了清洗工作。

第五，及时捡出病死鹅，小心地放入死鹅处理袋，及时焚化处理。焚尸炉应远离鹅舍，以免羽毛和灰尘对鹅舍构成交叉污染。

第六，有一个明显的危险往往容易被忽视，那就是禽场环境本身可能就是传染源。鹅舍四周可能存在再传染的窝藏点。清洁程序必须将这些区域包含在内。鹅舍周围的杂草要定期割除，最好做成水泥地面，以便清洁和消毒。

第七，定期清洁所有的设备。随时清除鹅场内的垃圾和杂物，以免招惹蚊蝇和害虫。不要在鹅舍附近停放车辆和堆放物品。

第八，清除鹅舍周围200米范围内的粪便和旧垫料。如不能尽快运走，必须小心地密封或掩埋，防止被风吹散，这是养禽场最危险的传染源。

第九，储藏备用的新麦秸、稻壳和其他垫料要保持干燥，堆放紧密，以免受潮霉变引起霉菌孢子随风传播。

三、鹅场污物处理技术

（一）污物处理技术发展概况

目前我国禽粪干燥主要有以下几种方法：①自然干燥或自然干燥与通风干燥相结合，生产场地设有塑料大棚并备有搅拌装置，此法成本低，但周期长（一般25～45天）。②热喷膨化法是利用高温高压，瞬时喷爆蒸发水分、杀菌、除臭，同时可改善适口性，有利于羽毛等杂物处理。③高温高压真空干燥法可以处理鸡粪、死鸡和屠宰下脚料，一次完成消毒灭菌、干燥、粉碎、除臭，产品质量好，但原料含水率不能超过30%。④快速发酵法又称动态充氧法，此法成本低，处理后的鸡粪可做饲料或肥料，缺点是发酵前需掺入大量干料调节水分，而且所生产的产品只能鲜喂，不能贮存，需进一步干燥才能形成商品。⑤微波法杀虫彻底，但耗电高，要求原料水分不超过35%。⑥火力干燥法是利用煤、油或燃气做燃料，直接将含水率75%～80%的湿鸡粪干燥到14%以下，此法尽管能耗高，但相对于其他几种方法而言，应用要普遍一些。

国内“粪便干燥废气脱臭技术”的研究起步较晚，目前主要有以下几种方法：①与养殖工艺相结合：在饲料中添加沸石、硫酸亚铁等添加剂或在新鲜粪中添加除臭剂，使粪便本身不臭或在干燥过程中少排出臭气。②水洗法：由于干燥废气温度高（回转圆筒200℃左右，搅拌气流100℃左右），湿度大，将废气直接通过水洗降温，不仅可除去粉尘，使部分臭气冷凝成液态溶解于水中，而且还可将溶于水的臭气吸收，从而达到除臭的目的。③稀释法：通过30米以上的高烟囱直接排放，将臭气稀释。④吸附法：利用活性炭、木屑或干鸡粪吸附臭气。⑤吸收法：通过化学溶液使臭气分解。

（二）存在的主要问题

1. 设备不配套，处理不完善，应用范围窄

如热喷法、真空干燥法、微波法，只能处理含水率30%～40%的半干鸡粪，动态充氧法产品质量好，但只能处理含水率45%的混合料，不仅需加入干料调节水分，而且发酵后水分仍在40%，只能鲜喂，形不成商品。因此，这几种方法都需解决前后段的干燥问题。

2. 处理周期长，占地面积大，环境卫生差

如大棚发酵干燥法，虽然能耗低，但处理周期长，一般为40天左右，从而需堆贮场地大，建设费用高，加上发酵最适宜的含水率为55%～60%，因

此存在一个水分调节过程，需在鲜粪中(含水率 75%左右)加入大量干料。

3. 能耗高，臭气治理不彻底

如火力干燥法，采用高温快速干燥工艺，可以直接干燥含水率 75%左右的鲜鸡粪，但能耗高，做饲料适口性差，做肥料易烧根，加上废气成分复杂。单一除臭方法达不到理想效果，因而排出的废气产生了二次污染，须继续治理。

4. 推广应用受地域和气候限制

如太阳能大棚发酵干燥法，在潮湿多雨的季节不能使用，火力干燥法在城镇居民区不能使用。

（三）粪便的处理方法

1. 固液分离

(1)筛分　筛分是一种根据水禽粪便的粒度分布进行固液分离的方法。固体物的去除率取决于筛孔的大小。筛孔大则去除率低，筛孔小则去除率高，但筛孔容易堵塞。其筛分形式主要有固定筛、振动筛、转动筛等。固定筛筛孔为 20 ～ 30 目时，固体物去除率为 5%～ 15%，其缺点是筛孔容易堵塞，需经常清洗。振动筛加快了固体物与筛面间的相对运动，减少了筛孔堵塞现象，当孔径为 0.75 ～ 1.5 毫米时，固体物去除率为 6%～ 27%。转动筛具有自动清洗筛面的功能，筛孔为 20 ～ 30 目时，固体物去除率为 4%～ 14%。

(2)沉降分离　沉降分离是利用固体物相比密度大于溶液相比密度的性质而将固体物分离出来的方法。它分为自然沉降、絮凝沉降和离心沉降。自然沉降速度慢，去除率低。絮凝沉降由于使用了絮凝剂，使小分子悬浮物凝聚起来形成大的颗粒，从而加快了沉降速度，提高了去除率。离心沉降由于离心加速度的提高，大大加快了颗粒的沉降速度，使分离性能大为改善，当粪的含固率为 8%时，总固态物去除率可达 61%。

(3)过滤分离　过滤与筛分有许多相同之处，两者最大的区别是在分离过程的不同，前者未过滤的颗粒可在滤网上形成新的过滤层，对上层的物料进行过滤。其主要有真空过滤机、带式压滤机、转辊压滤机等。真空过滤机去除率高但结构复杂，投资大。带式压滤机设备费用相对较低，电耗低，能连续作业，由于采用高分子材料的滤网，可使设备寿命大大提高。转辊压滤机结构紧凑，分离性能比筛分好。

2.鹅粪便的加工

(1)自然堆放发酵法　即将粪便自然堆放在露天广场上，使其自然发酵。这种方法占地面积大、周期长，对环境污染十分严重，但其方法简单，投资少，适用于饲养规模小、人口稀少的偏远地区。

(2)太阳能大棚发酵法　其方法是将粪便置于塑料大棚内，利用太阳能加热发酵速度。其优点是投资少，运行成本低，但发酵时间相对较长。

(3)充氧动态发酵法　在粪便、垫草堆中通过加氧设施不断充入空气，供有氧微生物繁殖所需。这种方法设备简单，发酵速度快，但设备规模小，能耗高，生产率低。

(4)高温快速干燥法　此法利用专业化的设备，粪便、垫草经过高温蒸汽处理，灭菌、干燥一次完成，生产率高，可实现工业化生产，但设备投资大，能耗高，对原料含水率有一定要求。

(5)沼气法　即利用沼气池对粪水进行厌氧发酵生产沼气，但一次性投资大，然而作为生态农业不失为一种很好的方法。

(6)热喷法　用热蒸汽对粪水进行处理。此法对原料含水率要求较高，能耗大，生产率低。

(7)微波干燥法　此法利用微波发生设备，对物料进行加热处理。该法干燥速度快，灭菌彻底，但设备投资高，能耗大，现有条件下很难推广使用。

(8)生物干燥法　粪便的生物干燥，其原理就是利用堆肥过程中，微生物分解有机物所产生能量，增加粪便中水分的散发，起到干燥粪便降低粪便水分的目的。利用生物干燥原理，采用批次堆肥的方法，粪便堆肥化处理过程中，在含水量为40%、温度为60℃时，微生物降解作用最活跃，在温度为46℃时，1克水14升通气量条件下，可以获得最大的干燥速度。每天每消耗1千克固体物可以使粪便含水量由70%下降到57%。

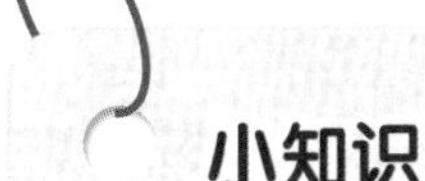

小知识

鹅粪的利用

对鹅粪便的处理途径主要有以下几种方法：

（1）用作肥料　畜粪还田利用，是我国农村处理畜粪的传统做法，并已经在改良土壤、提高农业产量方面取得了很好的效果。水禽粪便氮、磷、钾含量丰富，据测定，鹅粪中含氮0.55%、磷1.54%、钾0.95%，而且养分均衡，含有较高的有机肥，施用于农田能起到改良土壤、增加有机质、提高土壤肥力的作用。

（2）用作生产沼气的原料　鹅粪一直被认为是制取沼气的好原料，含有各种有机物25.5%，可作为能源原料，据报道，每千克鹅粪可产沼气0.094～0.125米^3。鹅粪经过沼气发酵，不仅能生产廉价、方便的能源——沼气，而且发酵后的残留物是一种优质的有机肥料。

（3）用作饲料　鹅粪中含有大量未消化吸收的营养物质，其中含粗蛋白质22.9%，粗脂肪17.4%，无氮浸出物45.3%，可作为鱼类、反刍动物的添加饲料。但禽类粪便含有多种病原微生物和寄生虫卵，因此，在用作饲料前要经过适当处理。而且，用作饲料的粪便应该是采用网上平养饲养方式收集的粪便，其中基本不含垫料。粪便适当地投入水体中，有利于水中藻类的生长和繁殖，使水体能保持良好的鱼类生长环境。但要注意控制好水体的富营养化，避免使水中的溶解氧耗竭。

（四）孵化废弃物的处理和利用

鹅蛋在孵化过程中也有大量的废弃物产生。第一次验蛋时可挑出部分未受精蛋（白蛋）和少量早死胚胎（血蛋）。出雏扫盘后的残留物以蛋壳为主，有部分中后期死亡的胚胎（毛蛋），这些构成了孵化场废弃物。

孵化废弃物经高温消毒、干燥处理后，可制成粉状饲料加以利用。由于孵化废弃物中有大量蛋壳，故其钙含量非常高，一般为17%～36%。生产表明，孵化废弃物加工料在生产鸡日粮中可替代6%的肉骨粉或豆粕，在蛋鸡料中则可替代16%。

（五）垫料废弃物的处理和利用

随着鹅饲养数量增加，需要处理的垫料也越来越多。国外有对鸡垫料重复利用的成熟经验。鸡垫料在舍内堆肥，产生的热量杀死病原微生物，通过翻耙排除氨气和硫化氢等有害气体，处理后的垫料再重复利用，鸡舍垫料重复使用，对鸡增重和存活率无显著影响。该技术可作为鹅生产过程垫料废弃物的重复利用的借鉴，可以降低生产成本，减少养殖场废弃物处理量。

（六）废水的无害化处理

1. 废水的前处理

在废水的前处理中一般用物理的方法，针对废水中的大颗粒物质或易沉降的物质，采用固液分离技术进行前处理。前处理技术一般有过滤、离心、沉淀等。筛滤是一种根据鹅粪便的粒度分布状况进行固液分离的方法。在机械过滤方面常用的机械过滤设备有自动转鼓过滤机、转滚压滤机等。自动转鼓过滤机是根据筛滤技术研制的一种固液分离机械，其特点是转筒可在一定范围内调整倾斜度，并配有反冲洗装置，可持续运行。转滚压滤机的结构比较紧凑，性能较筛网好，分离性能取决于滤网的孔径。

2. 化学处理

通过向污水中加入某些化学物质，利用化学反应来分离、回收污水中的污染物质，或将其转化成无害的物质。处理的对象主要是污水中溶解性或胶体性污染物。常用的方法有混凝法、化学沉淀法、中和法、氧化还原法等。

3. 微生物处理

根据微生物对氧的需求情况，废水的微生物处理法分为好氧生物处理法、厌氧生物处理法和自然生物处理法。好氧生物处理法又分为活性污泥法和生物膜法两类。活性污泥法本身就是一种处理单元，它有多种运行方式。生物膜法有生物滤池、生物转盘、生物接触氧化池及生物流化床等；厌氧生物处理法又名生物还原法，主要用于处理高浓度的有机废水和污泥，使用的处理设备主要是厌氧反应器；自然生物处理法是独立于好氧生物处理和厌氧生物处理之外的废水生物处理方法，往往存在好氧、兼性和厌氧微生物的共同作用。自然生物处理又称为生态处理，包括稳定塘（氧化塘）处理、土地处理和湿地处理。氧化塘又有好氧塘、兼性塘、厌氧塘、曝气塘和水生植物塘之分。土地处理法有漫流法、渗滤法、灌溉法及毛细管法等。废水中的有机污染物是多种多样的，为达到相应处理要求，往往需要通过几种方法和几个处理单元组成的系统进行综合处理。

Ⅲ 鹅舍环境控制

一、舍内温度控制

（一）温度对水禽的影响

水禽羽绒发达，一般能够抵抗寒冷，缺乏汗腺，对炎热的环境适应性较差。当温度超过 30℃时，采食量减少，雏禽增重减慢，成年禽产蛋数和蛋重下降。而且禽蛋的蛋壳质量也下降，破蛋率提高，蛋白稀薄。炎热气候条件下，种蛋的受精率和孵化率也要下降。一般来说，成年产蛋水禽适宜的温度为 5 ～ 27℃。而最适宜为 13 ～ 20℃，产蛋率、受精率、饲料转化率都处于最佳状态。

（二）控温设计

主要考虑冬季的防寒和夏季的防暑问题。

1. 防寒设计

北侧和西侧向风的墙壁应该适当加厚，墙内外及屋檐下应该用草泥或沙石灰浆抹匀，防止冬季冷风通过墙缝进入舍内。北侧和西侧墙壁上的门窗数量及大小应小于南墙和东墙，而且要有良好的密闭性能。

屋顶可以使用草秸或在石棉瓦的上面铺草秸，与单一的石棉瓦屋顶相比，草秸屋顶的保温和隔热效果更好。屋顶表面还可以用草泥糊一层，既可以加固屋顶以防止风将草秸吹掉，又可以提高保温和防火效果。

2. 防暑设计

屋顶设计对夏季舍内温度的影响最大，其要求可以参照屋顶的防寒设计方案。

二、舍内湿度控制

（一）湿度对水禽的影响

尽管鹅是水禽，但是舍内潮湿对于任何生理阶段、任何季节鹅群的健康和生产来说都是不利的。水禽在饮水时，很容易将水洒到地面，在鹅舍设计时应该充分考虑排水防潮问题。在寒冷的冬春季节，舍内潮湿的垫料会影响正常的高产，种禽会造成种蛋污染。炎热的夏季，潮湿的空气会造成饲料霉变，甚至羽毛上也会生长霉菌，造成霉菌病的暴发。夏季垫料潮湿也会霉变。

（二）防潮设计

防潮设计可以从以下几个方面考虑：鹅舍要建在地势较高的地方，因为低洼的地方受地下水和地表水的影响经常是潮湿的；舍内地面要比舍外高出 30 厘米以上，有利于舍内水的排出和避免周围雨水向舍内浸渗；屋顶不能漏雨；舍内要设置排水沟，以方便饮水设备内洒出水的排出；如果用水槽供水则水槽边缘的高度要适宜，从一端到另一端有合适的坡度，末端直接通到舍外。

三、舍内通风控制

（一）通风对水禽的影响

通风对于水禽饲养意义重大。合理的通风可以有效调节舍内的温度和湿度，在夏季尤为重要。通风在保证氧气供应的同时，清除了舍内氨、硫化氢、二氧化碳等有害气体，而且使病原微生物的数量大大减少。

（二）通风设计

1. 负压纵向通风设计

这种通风方式是将禽舍的进风口设置在一端（禽场净道一侧）山墙上，将风机（排风口）设置在另一端（污道一侧）的山墙上。当风机开启后将舍内空气排出而使舍内形成负压，舍外的清新空气通过进风口进入舍内，空气在舍内流动的方向与禽舍的纵轴相平行。这种通风方式是大型成年禽舍中应用效果最理想、最普遍的方式，它产生的气流速度比较快，对夏季热应激的缓解效果明显。同时，污浊的空气集中排向鹅舍的一端，也有利于集中进行消毒处理，还保证了进入禽舍的空气质量。这种通风方式在禽舍长度 60 ～ 80 米、宽度不大于 12 米、前后墙壁密封效果好的情况下应用比较理想。

进风口设计时要尽可能安排在前端山墙及靠近山墙的两侧墙上，进风口的外面用铁丝网罩上以防止鼠雀进入。进风口的底部距舍内地面不少于 20 厘米，总面积应是排风口总面积的 1.5 ～ 2 倍。

风机的安装应将大小型号相间而设，可以多层安设，安装的位置应该考虑山墙的牢固性。下部风机的底部与舍外地面的高度不少于 40 厘米，为了防止雨水对风机的影响，可以在风机的上部外墙上安装雨搭。风机的内侧应该有金属栅网以保证安全，风机外面距墙壁不应该少于 3 米以免影响通风效率。每个风机应单独设置闸刀，以便于控制。

2. 负压横向通风设计

即将进风口设置在禽舍的一侧墙壁上，将风机（排风口）设置在另一侧墙壁上，通风时舍内气流方向与禽舍横轴相平行。这种通风方式气流平缓，主要用于育雏舍。

进风口一般设置在一侧墙壁的中上部，可以用窗户代替；风机设置在另一侧墙壁的中下部，其底壁距舍内地面约 40 厘米，内侧用金属栅网罩上。所用的风机都是小直径的排风扇。

3. 正压通风

即用风机向禽舍内吹风，使舍内空气压力增高而从门窗及墙缝中透出。使用热风炉就是这种通风方式的典型代表，夏季用风机向禽舍内吹风也是同一原理。

四、光照及其控制

（一）光照对水禽的影响

光照与水禽的采食、活动、生长、繁殖息息相关，尤其是在对水禽性成熟的控制上，光照和营养同样重要。雏禽为了满足采食以达到快速生长的需要，要求光照时间较长，除了自然光照以外，还需要人工补充光照。育成期水禽一般只利用自然光照，防止过早性成熟。产蛋期每天 16 ～ 17 小时的长光照制度，有利于刺激性腺的发育、卵泡的成熟、排卵，提高产蛋率。

（二）采光设计

水禽舍内的采光包括自然照明和人工照明。自然照明是让太阳的直射光和散射光通过窗户、门及其他孔洞进入舍内，人工照明则是用灯泡向舍内提供光亮。一般禽舍设计主要考虑人工照明，根据禽舍的宽度在内部安设 2 ～ 3 列灯泡，灯泡距地面高约 1.7 米，平均每平方米地面有 3 ～ 5 瓦功率的灯泡即可满足照明需要。另外，在禽舍中间或一侧单独安装一个 25 瓦的灯泡，在夜间其他灯泡关闭后用于微光照明。

五、噪声及其控制

水禽长期生活在噪声环境下，会出现厌食、消瘦、生长不良、繁殖性能下降等不良反应。突然的异常响动会出现惊群、产蛋率突然下降。超强度的噪声（如飞机低飞）会造成水禽突然死亡，尤其是高产水禽。

合理选择场址是降低噪声污染最有效的措施，水禽场要远离飞机场、铁道、大的工厂。另外，饲养管理过程中，尽量减少人为的异常响动。

专题二
鹅安全生产中饲草、饲料标准化生产技术

专题提示

鹅同其他禽类一样，具有体温高、代谢旺盛、呼吸频率与心跳快、生长发育快、易育肥、性成熟与体成熟早、单位体重产品率高的生理特点，而且鹅具有食草、耐粗饲的消化特点。所以在生产实践中我们要根据鹅的实际情况，制定科学合理的日粮配方，以提高生产水平，降低饲料成本，增加经济效益。

I 鹅的饲养标准

鹅的饲养标准是发展养鹅生产、制订生产计划、组织饲料供给、设计饲粮配方、生产平衡饲料的技术指南和科学依据，可使饲养者心中有数，不盲目饲养。但由于多方面原因，目前国内还未制定出标准的鹅饲养标准，在生产实践中多借鉴外国的饲养标准和其他家禽的饲养标准作为参考。这里简单介绍美国NRC、澳大利亚、俄罗斯和法国等国家和地区不同生长阶段鹅的饲养标准（表3、表4、表5、表6），供实践中参考。王恬等人结合我国养鹅生产实际，总结近年来国内外养鹅生产成果，结合国外鹅饲养标准，制定出我国不同阶段鹅的饲养标准建议值（表7），以及肉鹅和种鹅饲养标准（表8、表9）。

表 3　仔鹅饲养标准

营养成分	法国		俄罗斯	NRC（1994）	澳大利亚
	0 ~ 3 周		0 ~ 3 周	0 ~ 4 周	0 ~ 4 周
代谢能（兆焦/千克）	10.87	11.7	11.72	12.13	11.53
粗蛋白质（%）	15.8	17.0	20	20	22.0
赖氨酸（%）	0.89	0.95	1.0	1.0	1.06
蛋氨酸（%）	0.40	0.42	0.50		0.43
蛋 + 胱氨酸（%）	0.79	0.85	0.78	0.6	0.78
色氨酸（%）	0.17	0.18	0.22		0.21
苏氨酸（%）	0.58	0.62	0.61		0.73
钙（%）	0.75	0.80	1.2	0.65	0.8
有效磷（%）	0.42	0.45	0.3	0.3	0.4
钠（%）	0.14	0.15	0.8		1.8
氯（%）	0.13	0.14			2.4
粗纤维（%）			5		

表 4　生长鹅饲养标准

营养成分	法国		俄罗斯	NRC（1994）	澳大利亚
	4 ~ 6 周		4 ~ 8 周	4 周后	4 ~ 8 周
代谢能（兆焦/千克）	11.29	12.12	11.72	12.13	12.45
粗蛋白质（%）	11.6	12.5	18	15	18.0
赖氨酸（%）	0.56	0.60	0.90	0.85	0.95
蛋氨酸（%）	0.29	0.31	0.45		0.40
蛋 + 胱氨酸（%）	0.56	0.60	0.70	0.50	0.66

续表

营养成分	法国		俄罗斯	NRC（1994）	澳大利亚
	4～6周		4～8周	4周后	4～8周
色氨酸（%）	0.13	0.14	0.20		0.17
苏氨酸（%）	0.46	0.49	0.55		0.65
钙（%）	0.75	0.80	1.2	0.60	0.75
有效磷（%）	0.37	0.40	0.3	0.30	0.40
钠（%）	0.14	0.15	0.8		1.8
氯（%）	0.13	0.14			2.4
粗纤维（%）			6		

表5　后备鹅饲养标准

营养成分	法国		俄罗斯	NRC（1994）	澳大利亚
	7～12周		9～26周	4周后	8周后
代谢能（兆焦/千克）	11.29	12.12	10.88	12.13	12.45
粗蛋白质（%）	10.2	11.0	14	15	16.0
赖氨酸（%）	0.47	0.50	0.70	0.85	0.77
蛋氨酸（%）	0.25	0.27	0.35		0.31
蛋＋胱氨酸（%）	0.48	0.52	0.55	0.50	0.57
色氨酸（%）	0.12	0.13	0.16		0.15
苏氨酸（%）	0.43	0.46	0.43		0.53
钙（%）	0.65	0.70	1.2	0.60	0.75
有效磷（%）	0.32	0.35	0.3	0.30	0.40
钠（%）	0.14	0.15	0.7		1.8

续表

营养成分	法国		俄罗斯	NRC（1994）	澳大利亚
	7～12周		9～26周	4周后	8周后
氯（%）	0.13	0.14			2.4
粗纤维（%）			10		

表6　种鹅饲养标准

营养成分	法国		俄罗斯	NRC（1994）	澳大利亚
代谢能（兆焦/千克）	9.2	10.45	10.46	12.13	12.45
粗蛋白质（%）	13.0	14.8	14	15	15.0
赖氨酸（%）	0.58	0.66	0.63	0.6	0.62
蛋氨酸（%）	0.23	0.26	0.30		0.28
蛋＋胱氨酸（%）	0.42	0.47	0.55	0.50	0.52
色氨酸（%）	0.13	0.13	0.16		0.13
苏氨酸（%）	0.40	0.45	0.46		0.55
钙（%）	2.6	3.0	1.6	2.25	2.0
有效磷（%）	0.32	0.36	0.3	0.30	0.4
钠（%）	0.12	0.14	0.7		1.8
氯（%）	0.12	0.14			2.4
粗纤维（%）			10		

表7　我国不同阶段鹅饲养标准建议值

营养成分	0～4周	4～6周	6～10周	后备	种鹅
代谢能（兆焦/千克）	11.0	11.7	10.72	10.88	11.45
粗蛋白质（%）	20	17	16	15	16～17

续表

营养成分	0～4周	4～6周	6～10周	后备	种鹅
钙(%)	1.2	0.8	0.76	1.65	2.6
非植酸磷(%)	0.6	0.45	0.40	0.45	0.6
赖氨酸(%)	0.8	0.7	0.6	0.6	0.8
蛋氨酸(%)	0.75	0.6	0.55	0.55	0.6
食盐(%)	0.25	0.25	0.25	0.25	0.25

表8　肉鹅饲养标准

营养成分	育雏		生长育肥期	
	一	二	一	二
代谢能(兆焦/千克)	11.97	11.59	12.39	12.18
粗蛋白质(%)	22	17	19	15
赖氨酸(%)	1.06	1.0	0.90	0.73
蛋氨酸(%)	0.48	0.47	0.43	0.32
蛋+胱氨酸(%)	0.83	0.74	0.68	0.57
钙(%)	0.80	0.75	0.71	0.71
有效磷(%)	0.40	0.42	0.38	0.38
钠(%)	0.18	0.18	0.18	0.18

表9　种鹅饲养标准

营养成分	育雏		生长育肥期	
	一	二	一	二
代谢能(兆焦/千克)	9.87	10.92	11.13	11.97
粗蛋白质(%)	12	14	14	16

续表

营养成分	育雏		生长育肥期	
	一	二	一	二
赖氨酸(%)	0.50	0.56	0.59	0.65
蛋氨酸(%)	0.23	0.25	0.32	0.34
蛋+胱氨酸(%)	0.43	0.47	0.54	0.60
钙(%)	0.80	0.90	1.90	2.10
有效磷(%)	0.32	0.35	0.35	0.38
钠(%)	0.18	0.18	0.18	0.18

不同品种、不同用途的鹅由于受到遗传、生理状态、生产水平和环境条件等诸多因素的影响，营养需要往往也存在较大差异，所以在生产实践中不能照搬国外和其他畜禽品种的饲养标准，更不能把饲养标准看作是一成不变的规定，而应当作为指南来参考，因地制宜，灵活加以应用。在鹅饲养标准的使用过程中要结合当地养鹅环境、用途和品种等，综合考虑，最终达到营养和效益(包括经济、社会和生态等效益)相统一的目的。以下列举四川白鹅(表 10)、浙东白鹅(表 11)、辽宁昌图鹅(表 12)等目前国内常用肉用鹅种的国家或地方饲养标准，以及朗德鹅(表 13)和莱茵鹅(表 14)等我国引入的常用国外鹅种的饲养标准，以供生产中参考。

表 10　四川白鹅饲养标准

营养成分	0 ~ 4 周龄	4 周龄以上
代谢能(兆焦/千克)	12.1	11.3 ~ 11.7
粗蛋白质(%)	18.0 ~ 20.0	14.0 ~ 16.0
赖氨酸(%)	1.0	0.85
蛋+胱氨酸(%)	0.6	0.5
钙(%)	0.65	0.6

续表

营养成分	0 ~ 4 周龄	4 周龄以上
有效磷(%)	0.3	0.3
食盐(%)	0.3	0.3

表 11　浙东白鹅饲养标准

营养成分	后备种鹅	种鹅	雏鹅	中鹅	育肥鹅
代谢能(兆焦/千克)	10.6 ~ 10.8	10.8	12.13	11.71	10.87
粗蛋白质(%)	14.0 ~ 16.0	16.0	22.0	18.0	14.0
钙(%)	1.6 ~ 2.2	2.2	1.2	1.4	1.6
有效磷(%)	0.8	0.8	0.6	0.7	0.8

表 12　辽宁昌图鹅饲养标准

营养成分	1 ~ 30 天	31 ~ 90 天	91 ~ 180 天	成鹅	种鹅
代谢能(兆焦/千克)	11.72	11.72	10.88	10.88	11.30
粗蛋白质(%)	20	18	14	14	16
蛋能比	71	64	54	54	59
粗纤维(%)	7	7	10	10	10
钙(%)	1.6	1.6	2.2	2.2	2.2
磷(%)	0.8	0.8	1.2	1.2	1.2
食盐(%)	0.35	0.35	0.35	0.35	0.4

表 13　朗德鹅育雏及自然育肥期饲养标准

营养成分	0 ~ 28 日龄	29 ~ 90 日龄	91 ~ 120 日龄
粒度(毫米)	1.5	3.5 ~ 4.0	3.5 ~ 4.0
代谢能(兆焦/千克)	12.11 ~ 12.33	11.70 ~ 11.91	11.29 ~ 11.50

续表

营养成分	0～28日龄	29～90日龄	91～120日龄
粗蛋白质（%）	19.5～22.0	17.0～19.0	14.0～16.0
蛋氨酸（%）	0.5	0.4	0.3
蛋＋胱氨酸（%）	0.85	0.70	0.60
苏氨酸（%）	0.75	0.6	0.45
色氨酸（%）	0.23	0.16	0.16
粗纤维（%）	≤4.0	≤5.0	≤6.0
粗脂肪（%）	5.0	5.0	4.0
钙（%）	1.0～1.2	0.9～1.0	1.0～1.2
可利用磷（%）	0.35～0.45	0.45～0.50	0.35～0.45
维生素A（国际单位）	15 000	15 000	15 000
维生素D（国际单位）	3 000	3 000	3 000
维生素E（国际单位）	20	20	20

表14　莱茵鹅饲养标准

营养成分	开食料（0～3周）	生长期料（4～10周）	后备期料（11～27周）	开产期料（28～47周）	拔毛期料（47周以上）
代谢能（兆焦/千克）	12.13～12.34	11.71～11.92	10.87～11.08	11.51～11.71	11.92～12.13
粗蛋白质（%）	19.5～22.0	17.0～19.0	15.5～17.0	16.5～18	12.0～12.5
蛋氨酸（%）	0.5	0.45	0.33	0.35	0.25
赖氨酸（%）	1.0	0.80	0.65	0.75	0.40
粗纤维（%）	4.0	4.0	6.0	4.0	5.0
钙（%）	1.0～1.2	0.9～1.0	1.3～1.5	3～3.2	1.4～1.6

续表

营养成分	开食料（0～3周）	生长期料（4～10周）	后备期料（11～27周）	开产期料（28～47周）	拔毛期料（47周以上）
磷（%）	0.15～0.50	0.45～0.50	0.45～0.50	0.45～0.50	0.45～0.50
维生素A（国际单位）	15 000	15 000	15 000	15 000	15 000
维生素D（国际单位）	3 000	3 000	3 000	3 000	3 000
维生素E（国际单位）	20	20	20	20	20

II 鹅常用的精、粗饲料选用配制技术

一、鹅常用的精、粗饲料种类及营养特点

（一）青绿饲料

1. 天然牧草

天然牧草利用的方式主要是放牧。在放牧时，鹅对野生青绿饲料有一定的选择性，喜食柔软、细嫩、多汁的青绿饲料。一般来说，水中或者水边的野生青绿饲料鹅特别喜欢吃，各种野生草种子，鹅也喜欢吃。鹅常采食的野生青绿饲料种类及营养成分见表15，野生青绿饲料简介见表16。

表15　鹅常采食的野生青绿饲料种类及营养成分

名称	水分（%）	粗蛋白质（%）	粗脂肪（%）	粗纤维（%）	无氮浸出物（%）	粗灰分（%）	钙（%）	磷（%）
狗牙根	80.4	1.5	1.0	7.5	7.8	1.8	0.16	0.08
马唐	81.2	2.0	0.9	6.8	1.7	1.7	0.18	0.07
稗子	90.2	1.4	0.6	1.2	2.2	2.2	0.15	0.04
早熟禾	60.4	3.1	1.1	12.2	3.7	3.7	0.13	0.07

续表

名称	水分（%）	粗蛋白质（%）	粗脂肪（%）	粗纤维（%）	无氮浸出物（%）	粗灰分（%）	钙（%）	磷（%）
看麦娘	83.7	2.7	0.8	5.3	1.7	1.7		
茭草	85.8	1.3	0.7	7.6	1.3	1.3	0.13	0.04
蟋蟀草	70.2	2.68	1.16	5.22	2.41	2.41	0.13	0.04
莎草	62.0	5.3	0.9	10.3	3.1	3.1	0.16	0.08
繁缕	91.6	1.8	0.3	1.4	1.9	1.9	0.15	0.01
藜	76.6	5.14	0.39	3.88	4.77	4.77	0.98	0.20

表 16　野生青绿饲料简介

名称	俗名	科别	生长地点	利用特点
狗牙根	爬根草、绊根草	禾本科（多年生）	空地、水边、路边	仔鹅喜食嫩草
看麦娘	猪耳草、鸭嘴菜	禾本科（一年生）	闲田、水边、湿地	鹅喜食草籽和嫩草
狗尾巴草	狗尾草	禾本科（一年生）	荒野、路边	鹅喜食草籽和嫩草
蟋蟀草	牛筋草、野驴棒	禾本科（一年生）	闲田、水边、湿地	鹅喜食
稗子	野稗、稗草	禾本科（一年生）	水田、水边、湿地	鹅喜食草籽和嫩草
茭草	野茭瓜、公茭笋	禾本科（多年生）	湖沼、水边、水田	鹅喜食其嫩草
羊蹄	牛舌根	蓼科（多年生）	湿地	鹅喜食其叶和果
酸模	山大黄	蓼科（多年生）	湿地	鹅喜食其叶和果
酢浆草	满天星、酸浆草	酢浆草科（多年生）	旷地、田边、路旁	鹅喜食
藜	回回条、灰菜	蓼科（一年生）	路边、田间	鹅喜食其嫩草
地肤	铁扫帚、扫帚菜	蓼科（一年生）	房边、田边、荒野	鹅喜食
莎草	山藤根、香附子	莎草科（多年生）	水边、沙质土壤中	老鹅喜食其根部

2. 鹅常用人工栽培牧草

(1)多年生黑麦草(图 13)　多年生黑麦草分蘖力强，生长快，喜温暖凉爽湿润的气候。适宜在排水性良好、肥沃、湿润的黏土或黏壤土栽培。略能耐酸，适宜的土壤 pH 为 6 ～ 7。一般生长温度在 15 ～ 30℃，27℃左右生长最旺盛，气温在－15℃发生冻害或者休眠，第二年 3 ～ 4 月返青。多年生黑麦草在年降水量 500 ～ 1 500 毫米地方均可生长，而以 1 000 毫米左右为适宜。春秋均可播种。多年生黑麦草早期生长速度较其他多年生牧草快，秋播后如天气温暖，在初冬和早春即可生产相当的鲜草。单播时每亩播种量以 1 千克左右为度。施用氮肥是提高产品质量的关键措施。增加施氮量可增加有机质产量和蛋白质含量，可减少纤维素中难以被鹅消化的半纤维素含量，纤维素含量也随施氮量而减少。一年可刈割 3 ～ 5 次，刈割后留茬高度 5 ～ 10 厘米，亩产鲜草 3 000 ～ 4 000 千克。用于养鹅的黑麦草，在株高 30 ～ 60 厘米时就可以割一次。

图 13　多年生黑麦草

黑麦草干物质的营养成分随其刈割时期及生长阶段而不同(表 17)。随生长期的延长，黑麦草的粗蛋白质、粗脂肪、灰分含量逐渐减少，粗纤维明显增加，尤其是鹅类不能消化的木质素增加显著，故刈割时期要适宜。在使用黑麦草养鹅时应注意，雏鹅从 3 日龄起便可喂切碎的黑麦草，用草时应添加精饲料，一般不提倡单纯用草饲喂。1 月龄内的雏鹅由于消化器官尚处于发育阶段，消化、吸收功能较弱，因此，割后的鲜草必须切成 1 ～ 2 厘米长的碎片，并拌上少量精饲料(草片与精饲料的比例为 10 ∶ 1 左右)。每天喂 4 ～ 5 次。饲粮用量依鹅的日龄逐步增加而增加。2 月龄内，鹅生长旺盛，食量大，这个时期鲜黑麦草应保持充足供应，每天每只鹅可用 1.5 ～ 2.0 千克，而精饲料则宜减少，一般是 14 千克黑麦草配 1 千克精饲料便可满足其增重需要。青草切成 2～3 厘米。60 日龄后，每天每只鹅可用青黑麦草 2～2.5 千克，精饲料用量可再次减少，同时可增加熟番薯用量，以达到催肥的目的。

表 17　不同刈割期黑麦草的营养成分

刈割期	粗蛋白质（%）	粗脂肪（%）	灰分（%）	无氮浸出物（%）	粗纤维（%）	粗纤维中木质素含量(%)
叶丛期	18.6	3.8	8.1	48.3	21.1	3.6
花前期	15.3	3.1	8.5	48.3	24.8	4.6
开花期	13.8	3.0	7.8	49.6	25.8	5.5
结实期	9.7	2.5	5.7	50.9	31.2	7.5

（2）冬牧 -70 黑麦草（图 14）　冬牧 -70 黑麦草为禾本科黑麦属一年生或越年生草本，耐严寒、耐干旱、耐盐碱，秆坚韧、粗壮。植株较高，达 1.5 米以上，我国各地均可种植，其耐寒性、丰产性明显优于普通黑麦草。该品种播期弹性大，8～11 月均可播种，对土壤要求不严，较耐瘠，抗病虫害能力强。生长快，分蘖多，再生性好；营养期青刈，叶量大，草质软，蛋白含量高；亩产鲜草 12 000 千克，是解决鹅冬春青饲料的优良牧草。

图 14　冬牧 -70 黑麦草

（3）苏丹草（图 15）　苏丹草是禾本科高粱属一年生草本植物。在夏季炎热、雨量中等的地区均能生长。抗旱性强，适应土壤范围广，黏土、沙壤土、微酸和微碱性土壤均可栽培。苏丹草作为夏季利用的青饲料最有价值。中夏生产鲜草最多，可作为此时鹅的青饲料，苏丹草的茎叶比玉米、高粱柔软，晒制干草也比较容易。每年刈割 2 ～ 3 次，留茬 7 ～ 8 厘米，可生产鲜草 8 000 ～ 10 000 千克，喂鹅的效果和喂苜蓿、高粱干草无多大的差别。

图 15　苏丹草

（4）紫花苜蓿（图 16）　紫花苜蓿乃豆科苜蓿属多年生草本植物，是世界上分布最广的豆科牧草，被称为“牧草之王”。我国主要分布在西北地区，种植面积较大的为甘肃、陕西、新疆、山西等地。生长寿命可达二三十年，一般第二至第四年生长最盛，第五年以后生产力即逐渐下降。紫花苜蓿根系发达，主根粗大，入土深度可达 10 米以上。紫花苜蓿喜温暖半干燥气候，生长最适宜温度在 25℃左右。根在 15℃时生长最好，在灌溉条件下，则可耐受较高的温度。紫花苜蓿耐寒性很强，5 ～ 6℃即可发芽，并能耐受 -5 ～ -6℃的寒冷，成长植株能耐－ 20 ～－ 30℃的低温，在雪的覆盖下可耐 -44℃的严寒。播种前精细整地，要做到深耕细耙，上松下实，以利出苗。北方各省宜春播或夏播。长江流域 3 ～ 10 月均可种植。北方在灌溉条件下，可刈割 2 ～ 3 次，南方可刈割 2 ～ 4 次，一般亩产鲜草 2 000 ～ 4 000 千克，干草 500 ～ 1 500 千克。

图 16　紫花苜蓿

紫花苜蓿的营养价值很高，在初花期刈割的干物质中粗蛋白质为 20%～ 22%，必需氨基酸组成较为合理，赖氨酸可高达 1.34%，此外还含有丰富的维生素与微量元素，如胡萝卜素含量可达 161.7 毫克 / 千克。紫花苜蓿中含有各种色素，对鹅的生长发育均有好处。紫花苜蓿的营养价值与刈割时期关系很大，幼嫩时含水多，粗纤维少。刈割过迟，茎的比重增加而叶的比重下降，饲用价值降低(表 18)。紫花苜蓿的干草或干草粉是鹅的优质蛋白质和维生素补充料，但因其粗纤维含量过大，喂鹅等单胃动物时饲喂量不宜过多，否则对单胃动物生长不利。一般在鹅的日粮中占 4%～9%即可。

表 18　不同生长阶段紫花苜蓿营养成分的变化

生长阶段	粗蛋白质（%）	粗脂肪（%）	粗纤维（%）	无氮浸出物（%）	灰分（%）
营养生长期	26.1	4.5	17.2	42.2	10.0
花前期	22.1	3.5	23.6	41.2	9.6
初花期	20.5	3.1	25.8	41.3	9.3
1/2 盛花期	18.2	3.6	28.5	41.5	8.2
花后期	12.3	2.4	40.6	37.2	7.5

(5)白三叶(图 17)　白三叶为豆科三叶草属多年生草本植物。一般生存 7～8 年。喜凉爽湿润气候，适宜在 10℃以上、活动积温 2 000℃、年降水量 1 000 毫米左右的地区种植。生长最适温度为 15～25℃，能耐－8℃的低温，但耐寒力不及紫花苜蓿。不耐热，夏季高温则生长不良或死亡。喜生于排水良好、土质肥沃，并富有钙质的黏土中。由于白三叶种子细小，幼苗顶土力差，因而播种前务必将地整平耙细，以有利于出苗。白三叶播种 3～10 月均可种植，以秋播(9～10 月)为最佳。单播，每亩播种量 0.5～1 千克。播种方法有撒播或条播。条播行距为 30 厘米。白三叶根系有根瘤，具有固氮能力，对氮肥要求较低，但少量的氮肥有利于壮苗。每年刈割鲜草 4～5 次，亩产量 4 000～5 000 千克。

图 17　白三叶

3. 青饲作物

（1）青刈玉米　青刈玉米柔嫩多汁，适口性好，营养丰富，无氮浸出物含量高，易消化，粗蛋白质和粗纤维的消化率分别达67%和65%，粗脂肪和无氮浸出物的消化率分别高达72%和75%。青刈玉米的产量和品质与收获期有很大关系。适时收割的玉米植株才能获得最高营养价值。青饲可根据需要在苗期到乳熟期随时收取，制作青贮在乳熟到蜡熟期收获。

（2）青刈高粱　青刈高粱植株高大，茎叶繁茂，富含糖分，尤其是甜茎种，是鹅的好饲料。鲜喂、青贮或调制干草均可，但应注意的是，高粱新鲜茎叶中含氢氰苷，可由酶的作用产生氢氰酸而起毒害作用。过于幼嫩的茎叶不能直接利用，过量采食易引起中毒，调制青贮或晒制干草后毒性消失。鹅用青饲刈高粱宜在株高60～70厘米至抽穗期根据饲用需要刈割，调制干草在抽穗期刈割。晚刈割则茎粗老，粗纤维增多，品质和适口性下降。

（3）青刈燕麦　青刈燕麦叶多，叶片宽长，柔嫩多汁，适口性强，消化率高，鹅喜食，是一种极好的青绿饲料。青饲可根据需要于拔节至开花期刈割。

4. 叶菜类饲料

人工栽培叶菜类饲料主要包括籽粒苋、串叶松香草、鲁梅克斯、苦荬菜、菊苣、聚合草等。

（1）籽粒苋（图18）　籽粒苋是一年生草本植物，株高2～3米。在温暖气候条件下生长良好，耐寒力较弱，幼苗遇0℃低温即受冻害，成株遭霜冻后很快枯死，根系入土较浅，不耐旱。播种方式通常为条播或撒播，条播一般行距30～40厘米，株距10厘米。籽粒苋苗生长缓慢，易受杂草危害，因此要及时除草和间苗。当株高生长到60～80厘米时均可刈割，留茬20～30厘米，残茬保留3～5片叶，以后每30天左右刈割一次，直至霜降。也可一直生长，最后一次性收割。籽粒苋鲜草的产量高，在南方每亩可收6 000～10 000千克，在北方每亩可收5 000千克左右。

图18　籽粒苋

（2）串叶松香草（图19）　串叶松香草是菊科多年生草本植物，喜温暖湿润气候，在酸性红壤、沙土、黏土上也生长良好。耐寒冷，冬季不必防冻，地上部分枯萎，地下部分不冻死。再生性强，耐刈割。串叶松香草鲜草产量和粗蛋白质含量高，栽培当年亩产 1 000 ～ 3 000 千克，翌年与第三年亩产高者可达 1 万～ 1.5 万千克。

青饲时随割随喂，切短、粉碎、打浆均可；青贮时含水量要控制在 60%，可单独青贮，也可与禾本科牧草或作物混贮。由于其具有松香味，初喂鹅时不喜食，但经过训练，鹅可变得喜食。日喂量在 1 ～ 2 千克，干草粉在鹅的日粮中可占 10%～ 25%。但需要指出的是，串叶松香草的根、茎中的苷类物质含量较多，苷类大多具有苦味，根和花中生物碱含量较多，对神经系统有明显的生理作用，叶中含有鞣质，因而不可大量饲喂，以免引起鹅积累性毒物中毒。

图 19　串叶松香草

（3）鲁梅克斯（图 20）　鲁梅克斯俗称高秆菠菜，为蓼科多年生宿根草本植物。它是经杂交育成的新品种，是一种高产、高品质的新型高蛋白质饲草。御寒冷、耐盐碱、御干旱，在我国各地均有广泛种植。鲁梅克斯为多年生植物，播种一次可利用 25 年，年亩产鲜草 1 万～ 1.5 万千克，干草 1 500 千克；当年产量略低。每年 3 ～ 10 月均可播种，可先育苗后移栽，也可直播。随长随割，北方每年可收割 3 ～ 4 茬，南方每年可收割 5 ～ 6 茬。

鲜草饲喂鹅时可切碎、打浆拌入糠麸后再饲喂。青贮时应加入 20%的禾本科干草粉或禾本科牧草混贮。

图 20　鲁梅克斯

(4)苦荬菜(图 21)　苦荬菜是喜温而又抗寒的作物。种子发芽的起始温度为 5 ～ 6℃，最适生长温度为 25 ～ 35℃。苦荬菜的耐热性很强，在 35 ～ 40℃的高温下也能正常生长。苦荬菜适合于畦作，以便灌溉。畦的大小可因地制宜，一般宽 2 米、长 5 ～ 10 米。机播时可做成大畦，也可条播、机播、耧播、撒播。在北方各地每年可刈割 3 ～ 5 次，南方一年可刈 6 ～ 8 次，每亩生产鲜草 6 000 ～ 8 500 千克，高产者可达 10 000 千克。当株高达到 40 ～ 50 厘米时，可进行第一次刈割。以后每隔 20 ～ 40 天再割一次，每次刈割要及时，以保持较高的营养价值。

苦荬菜叶量大，鲜嫩多汁，茎叶中的白色乳浆虽略带苦味，但适口性好，鹅均喜食。同时它还有促进鹅食欲、帮助消化、祛火防病之功效。

图 21　苦荬菜

（5）菊苣（图 22）　菊苣为菊科菊苣属多年生草本植物，喜温暖湿润气候，抗旱，耐热、耐寒性较强，较耐盐碱，喜肥喜水。在炎热的南方生长旺盛，在 -8℃左右仍能安全越冬，适合我国大部分地区种植。菊苣利用期长，春季返青早，冬季休眠晚，利用期比普通牧草长。播种时间不受季节限制，一般 4 ～ 10 月均可播种，在 5℃以上均可播种，采取撒播、条播或育苗移栽方法。一般等植株达 50 厘米高时可刈割，刈割留茬 5 厘米左右，不宜太高或太低，一般每 30 天可刈割一次。亩产鲜草达 1 万～ 1.5 万千克。

图22　菊苣

（6）聚合草（图 23）　聚合草是紫草科多年生草本植物。性耐寒，根在－ 40℃的低温可安全越冬，南方高温地区仍能良好生长。22 ～ 28℃生长最快，低于 7℃时生长缓慢，低于 5℃时停止生长。聚合草开花不结实或结实极少，在生产上常利用生长 1 年以上的聚合草根（母根）做种苗栽植。一般在春、秋两季栽植。苗床育苗的 4 ～ 10 月都可移栽。常用的栽植方法有切根法和分株法。聚合草的饲用部分是叶和茎枝，每年可割 4 ～ 5 次，栽植当年可割取 1 ～ 2 次。

图23　聚合草

5. 水生饲料

水生饲料一般是指“三水一萍”，即水浮莲、水葫芦、水花生与红萍。这类饲料具有生长快、产量高、不占耕地和利用时间长等优点。水生饲料营养成分见表 19。

表 19　水生饲料营养成分（全干基础）

饲料	干物质比例（%）	粗蛋白质含量（%）	可消化蛋白质含量（克 / 千克）	粗纤维含量（%）	钙含量（%）	磷含量（%）
水浮莲	6.0	11.6	33.0	20.0	1.83	0.17
水葫芦	5.1	17.6	49.0	17.6	1.37	0.8
水花生	8.0	17.5	93.7	21.2	2.50	2.0
红萍	7.4	21.6	77.0	13.5		

水生饲料茎叶柔软，细嫩多汁，施肥充足者长势茂盛，营养价值较高，缺肥者叶少根多，营养价值也较低。这类饲料水分含量特别高，一般在 92%以上，干物质量低，能量和蛋白质的价值低，但水生饲料仍不失为鹅提供维生素的良好来源。水生饲料应与其他饲料搭配使用，以满足鹅的营养需要。在给鹅饲喂水生饲料时的最大问题是容易传染寄生虫卵，特别是在死水中养殖的水生饲料最容易带来寄生虫，如猪蛔虫、姜片吸虫等，解决的办法除了注意水塘的消毒外，最好将水生饲料煮熟后饲喂或青贮发酵，不宜过夜，以防产生亚硝酸盐。

（二）能量饲料

1. 常用谷物籽实类饲料种类及营养特点

（1）玉米（图 24）　玉米是重要的能量饲料之一，其能量较高，适口性强，消化率高。一般在鹅的日粮中占 40%～70%，贮存时含水量应控制在 14%以下，防止霉变。一般玉米籽实中含无氮浸出物高达 70%以上，玉米籽实中粗纤维含量很低，仅为 2%，加之玉米的脂肪含量较高，因此玉米是谷物籽实类饲料中可利用能量最高的。黄玉米含胡萝卜素较多，还含有叶黄素，对保持鹅的蛋黄、皮肤和脚部的黄色具有重要作用，可满足消费者的喜好。

图24　玉米

（2）小麦（图25）　小麦在我国主要用作粮食，较少用于鹅饲料，但近些年来，由于小麦的价格常低于玉米，因此用小麦替代部分玉米用作饲料的情况越来越多。小麦全粒含蛋白质约为14%，在谷物籽实类饲料中，小麦的蛋白质含量高于玉米，可以说是此类饲料中含蛋白质最高者，但蛋白质品质较差，缺乏赖氨酸、含硫氨基酸和色氨酸等必需氨基酸。小麦的粗纤维含量较低，含有较高的矿物质和微量元素。但缺乏维生素A、维生素C、维生素D。

图25　小麦

（3）稻谷　稻谷中含有8%左右的粗蛋白质，60%以上的无氮浸出物和8%左右的粗纤维，稻谷中还缺乏各种必需氨基酸，尤其是赖氨酸、蛋氨酸、色氨酸，不能满足鹅的营养需要，另外稻谷中所含的矿物质和微量元素也较为缺乏。因此稻谷要想用作能量饲料，必须经过脱壳处理，同时与其他蛋白质饲料配合使用，并补加一定量的微量元素。

2. 常用谷物籽实加工副产品种类及其营养特点

（1）小麦麸（图26）　小麦麸是来源广、数量大的一种能量饲料，其适口性好、质地疏松，含有适量的粗纤维和硫酸盐类，是鹅的良好饲料。小麦麸的粗蛋白质含量约为15%；含有丰富的维生素，尤其是B族维生素和维生素E含量更丰富；富含矿物质，尤其是微量元素铁、锰、锌，但缺乏常量元素钙。小麦麸粗纤维含量较高，约占干物质的10%，因此其有效能值相对较低，在养鹅生产实际中，常利用这一特点，调节饲粮的能量浓度，达到限饲的目的。

图26　小麦麸

（2）次粉　次粉与麦麸相比，虽粗蛋白质含量稍低于麦麸，但由于次粉中粗纤维、粗灰分含量均明显低于麸皮，因此次粉的有效能值远高于麸皮，质量良好的次粉其消化能和代谢能分别可高达15.95兆焦/千克和13.77兆焦/千克。麦麸、次粉的营养成分含量见表20。

表20　麦麸、次粉的营养成分含量

成分	麦麸	次粉
干物质(%)	87.0	87.0
粗蛋白质(%)	15.0	13.6
粗脂肪(%)	3.7	2.1
粗纤维(%)	9.5	2.8
无氮浸出物(%)		66.7
粗灰分(%)	4.9	1.8
消化能(兆焦/千克)	9.38	13.43
代谢能(兆焦/千克)	6.82	12.51

（3）米糠（图27）　米糠是由糙米皮层、胚和少量胚乳构成的；稻谷脱掉的壳称砻糠，若稻谷在加工过程中，砻糠、碎米、米糠混合在一起，则称为统糠。米糠的营养价值取决于稻谷精制的程度，大米精制程度越高，米糠的营养价值越高；统糠的营养价值则取决于砻糠的比例。

在使用米糠时应注意以下两个问题：第一，米糠中含有胰蛋白酶抑制剂，且活性较高，若不经处理大量饲喂，可导致饲料蛋白质消化障碍，雏鹅胰腺肿大；如果米糠中掺入稻壳，米糠的营养价值会明显下降，若用此种米糠喂鹅，会抑制鹅的生长发育。第二，米糠中脂肪含量较高，贮藏不当，容易被氧化而酸败，此时米糠适口性很差，可引起腹泻，甚至死亡，因此在生产中要求使用新鲜米糠。新鲜米糠在鹅饲粮中比例不能过高，否则会降低鹅的产蛋性能和日增重。

图 27　米糠

3. 块根块茎及瓜果类饲料种类及营养特点

自然条件下的块根块茎及瓜果类饲料中干物质含量少，平均为 20%，以干物质计算，此类饲料中粗纤维含量不足 10%，粗蛋白质含量仅为 5%～10%，所以此类饲料在脱水或按干物质计算时才属于能量饲料。

属于能量饲料的常见块根类饲料包括胡萝卜、甜菜、甘薯、木薯、芜菁等。其中胡萝卜（图 28）是鹅补充维生素 A 的良好来源，每千克鲜胡萝卜中含有胡萝卜素 80 毫克。通常情况下，胡萝卜不用于为鹅提供能量，而是用于各种鹅的维生素 A 原的供给。在饲草缺乏的季节适当添加胡萝卜，也可以起到改善饲料适口性、调节鹅的消化机能的作用。

图 28　胡萝卜

常用的块茎有马铃薯(图 29)、球茎甘蓝、菊芋等。其中最为常见的是马铃薯。马铃薯含干物质 20%左右，其中 80%～85%是无氮浸出物，粗纤维含量低，而且主要是半纤维素，所以马铃薯能量含量较高。马铃薯对鹅及各种畜禽的消化率均较高，而且马铃薯煮熟后的效果更好，可提高饲料的适口性和消化率，使鹅的增重明显。在给鹅饲喂马铃薯时要防止龙葵碱中毒。

图 29 马铃薯

瓜果类饲料中最具代表性的是南瓜(图 30)。南瓜中虽干物质含量较低，但干物质中约 2/3 为无氮浸出物，按干物质计算，南瓜的有效能值与薯类相近，另外肉质越黄的南瓜，其中胡萝卜素的含量越高，切碎的南瓜适合喂鹅，煮熟的南瓜鹅更喜食。

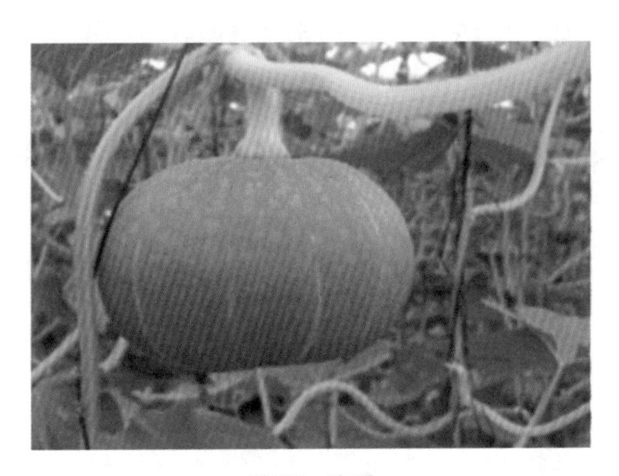

图 30 南瓜

4. 液体能量饲料

常用液体能量饲料种类包括油脂、糖蜜和乳清等。其中，油脂包括动物脂肪和植物油两种。动物脂肪是屠宰场将动物屠宰的下脚料经加工处理得到的产品。植物脂肪的大部分在常温下为液体状态，比动物脂肪具有更高的有效能值。糖蜜又称糖浆，是制糖过程中不能结晶的残余部分。糖蜜的营养价值因加工原料不同而有差异。糖蜜的适口性很强，但具有一定的轻泻作用，且黏度较大，因此在使用糖蜜时，应注意添加量不能大，并应与其他饲料混合使用。乳清是生产乳制品的副产品。乳清水分含量很高，干物质含量仅有5.3%左右。目前，此类饲料在养鹅生产中应用较少。

（三）蛋白质饲料

蛋白质饲料通常是指干物质中粗纤维含量在18%以下、粗蛋白质含量为20%以上的饲料。这类饲料营养丰富，易于消化，粗蛋白质含量高。

1. 植物性蛋白质饲料

植物性蛋白质饲料是以豆科作物籽实及其加工副产品为主。常用作鹅饲料的植物性蛋白质饲料包括豆类籽实、饼粕类和部分糟渣类饲料，以及某些谷实的加工副产品等。蛋白质含量为30%～45%，适口性好，含赖氨酸多，是鹅常用的优良蛋白质饲料。

（1）大豆粕（饼）　大豆饼中油脂含量为5%～7%，而粕中油脂含量仅为1%～2%，因此大豆饼的有效能值高于大豆粕，但大豆饼的粗蛋白质、氨基酸含量低于大豆粕。大豆饼粕中富含鹅所需要的必需氨基酸，尤其是限制性氨基酸，比如赖氨酸的含量是鹅需要量的3倍，蛋氨酸与胱氨酸之和是鹅营养需要量的1倍以上，所以大豆饼粕一直作为平衡饲粮氨基酸需要量的一种良好饲料被广泛使用，在我国大豆饼粕是一种常规的饲料原料。大豆饼粕作为饲料原料必须经过充分的加热处理，因为胰蛋白酶抑制剂、凝集素和脲酶均是不耐热的，通过加热可以破坏这些抗营养因子，从而提高蛋白质的利用率，改善鹅的生产性能。

（2）菜籽粕（饼）　菜籽饼粕是菜籽榨油后的副产品，菜籽饼粕中粗蛋白质含量为35%～39%，赖氨酸含量约为1.40%，色氨酸含量为0.50%，蛋氨酸含量为0.41%，胱氨酸含量为0.6%～0.8%，氨基酸组成较为平衡，含硫氨基酸含量高是菜籽饼粕的突出特点，且精氨酸含量较低，精氨酸与赖氨酸之间较平衡，各种必需氨基酸基本能满足鹅的营养需要，但赖氨酸含量略显偏低。菜籽饼粕中粗纤维含量较高，一般为12%～13%，因此其有效能值较低，代谢能仅为7.41～8.16兆焦/千克，属于低能蛋白质饲料。

（3）花生仁（饼）粕　花生仁饼粕是以脱壳后的花生仁为原料，经脱油后的副产品。花生仁饼粕的粗蛋白质含量均较高，分别为45%和48%，其赖氨酸含量仅为1.32%～1.40%，蛋氨酸含量为0.39%～0.41%，胱氨酸含量为

0.38%～0.40%，精氨酸含量为4.60%～4.88%。由于花生饼中粗脂肪含量较高，所以贮存时容易酸败，使用时应注意保存。

(4)葵花饼(粕)　葵花仁饼中粗蛋白质平均含量为23%，必需氨基酸含量较低，尤其是赖氨酸含量不能满足鹅的营养需要，因此向日葵饼粕虽属饼粕类饲料，但已失去作为蛋白质补充料的价值，在养鹅生产中使用较少。

(5)植物蛋白粉　是制粉、酒精(乙醇)等工业加工业采用谷实、豆类、薯类提取淀粉，所得到的蛋白质含量很高的副产品。可做饲料的有玉米蛋白粉、粉浆蛋白粉等。粗蛋白质含量因加工工艺不同而差异很大(25%～60%)。

(6)啤酒糟　是酿造工业的副产品，粗蛋白质含量丰富，达26%以上，啤酒糟含有一定量的酒精，饲喂要注意给量，喂量要适度。

(7)玉米胚芽(粕)饼　玉米胚芽饼是玉米胚芽湿磨浸提玉米油后的产物。粗蛋白质含量20.8%，适口性好、价格低廉，是一种较好的饲料。

2. 动物性蛋白质饲料

(1)鱼粉　鱼粉分为普通鱼粉和粗鱼粉两种。鱼粉是一种优质的蛋白质饲料，其消化率为90%以上，氨基酸组成平衡，利用率高。其蛋白质含量为40%～70%，一般进口鱼粉质量较好，蛋白质含量可达60%以上(比如秘鲁鱼粉、白鱼鱼粉)，而国产鱼粉的蛋白质含量为50%左右。在鱼粉的微量元素中，铁含量最高，为1 500～2 000毫克/千克，其次是锌和硒，其含量分别为100毫克/千克和3～5毫克/千克。鱼粉中的脂肪含量一般为8%左右。鱼粉中的B族维生素含量很高，尤其是维生素B_2和维生素B_{12}，真空干燥的鱼粉还含有较丰富的维生素A、维生素D。

(2)血粉　血粉是以畜禽的鲜血为原料，经脱水加工而成的粉状动物性蛋白质补充料。血粉的蛋白质含量相当高，通常其粗蛋白质含量可达80%以上，优质血粉的赖氨酸含量为6%～7%，其含量比国产鱼粉赖氨酸含量高出1倍，含硫氨基酸含量为1.7%左右，与鱼粉相当，色氨酸含量1.1%，比鱼粉高出1～2倍，组氨酸含量也较高，但氨基酸组成不平衡，亮氨酸是异亮氨酸的10倍以上，赖氨酸利用率低，血纤维蛋白不易消化，因此血粉常需与植物性饲料混合使用。血粉中含钙、磷较低，但磷的利用率高，微量元素铁的含量较高，可达2 800毫克/千克，其他微量元素含量与谷物饲料相近。血粉味苦，适口性差，配合饲料中的用量不可过多，一般鹅饲粮中以不多于3%为宜。

（3）肉骨粉　肉骨粉是使用动物屠宰后不宜食用的下脚料以及食品加工厂的残余碎肉、内脏、杂骨等为原料，经高温消毒、干燥、粉碎而成的粉状饲料。肉骨粉由于原料的种类不同、加工方法不同、脱脂程度不同、贮藏期不同，其营养价值相差甚远。肉骨粉的粗蛋白质含量为20%～50%，粗脂肪含量为8%～18%，粗灰分为26%～40%，赖氨酸含量为1%～3%，含硫氨基酸含量为3%～6%，色氨酸含量较低，不足0.5%；一般肉骨粉的含磷量应为4.4%以上，磷的利用率高，同时血粉含钙量为10.0%，钙、磷比例平衡。总之，肉骨粉的氨基酸组成不平衡，氨基酸的消化率低，饲用价值不稳定，加之肉骨粉极易被沙门菌感染，因此在鹅生产中其用量应加以控制，雏鹅不宜使用肉骨粉。

3. 单细胞蛋白质饲料

单细胞蛋白质是单细胞或具有简单构造的多细胞生物的菌体蛋白的总称。目前可供饲用的单细胞蛋白质饲料包括四大类：酵母、真菌、藻类、非病原性细菌。

4. 非蛋白氮饲料

非蛋白氮又称氨化物，是一类非蛋白质的含氮化合物。非蛋白含氮化合物包括有机非蛋白含氮化合物：氨、酰胺、胺、氨基酸、肽类；无机非蛋白含氮化合物：硫酸铵、氯化铵等盐类。虽然非蛋白含氮化合物种类较多，但生产中常用的是尿素类化合物，它属于有机酰胺类非蛋白含氮化合物。

（四）矿物质饲料原料

矿物质饲料是补充动物矿物质需要的饲料，是鹅生长发育、机体新陈代谢所必需的。

1. 常量元素矿物质饲料

（1）石灰石粉　由天然石灰石粉碎而成，主要成分为碳酸钙，钙含量35%～38%，用量控制在2%～7%。最好与骨粉按1∶1的比例配合使用。一般而言，石灰石粉的粒度越小，鹅的吸收率越高。

（2）贝壳粉　贝壳粉为各种贝类外壳经加工粉碎而成的粉状或粒状产品。含有94%的碳酸钙（约38%的钙），鹅对贝壳粉的吸收率尚可，特别是下午喂颗粒状贝壳，有助于形成良好的蛋壳。用量可占鹅日粮的2%～7%。

（3）沙砾　沙砾本身没有营养作用，补给沙砾有助于鹅的肌胃磨碎饲料，提高消化率。饲料中可以添加沙砾0.5%～1%。粒度似绿豆大小为宜。

(4)骨粉　以家畜的骨骼为原料，经蒸汽高压蒸煮、脱脂、脱胶后干燥、粉碎过筛制成，一般为黄褐色或灰褐色。基本成分为磷酸钙，含钙量约26%，磷约为13%，钙、磷比为2 ∶ 1，是钙、磷较为平衡的矿物质饲料。用量可占鹅日粮的1%～2%。

(5)磷酸钙盐　由磷矿石制成或由化工厂生产的产品。常用的有磷酸二钙(磷酸氢钙)，还有磷酸一钙(磷酸二氢钙)，它们的溶解性要高于磷酸三钙，动物对其中的钙、磷的吸收利用率也较高。日粮中磷酸氢钙或磷酸钙可占1%～2%。

(6)食盐　食盐是鹅必需的矿物质饲料，能同时补充钠和氯，化学成分为氯化钠，其中含钠39%，氯60%，还有少量钙、磷、硫等。食盐可促进食欲，保持细胞正常渗透压，维持健康。鹅日粮中一般用量为0.3%～0.5%。

2. 微量元素矿物质饲料

(1)铁饲料　最常用的是硫酸亚铁、氯化铁、氯化亚铁等。

(2)含铜饲料　常用的是硫酸铜，此外还有碳酸铜、氯化铜、氧化铜等。

(3)含锰饲料　常用硫酸锰、碳酸锰、氧化锰、氯化锰等。

(4)含锌饲料　常用的有硫酸锌、氧化锌、碳酸锌、葡萄糖酸锌、蛋氨酸锌等。

(5)含钴饲料　常用的有硫酸钴、碳酸钴和氧化钴。

(6)含碘饲料　安全常用的含碘化合物有碘化钾、碘化钠、碘酸钠、碘酸钾和碘酸钙。

(7)含硒饲料　常用的有硒酸钠、亚硒酸钠；要严格控制其用量。

(五)饲料添加剂

饲料添加剂是指除了为满足鹅对主要养分(能量、蛋白质、矿物质)的需要之外，还必须在日粮中添加的其他多种营养性和非营养性成分，如氨基酸、维生素、促进生长剂、饲料保存剂等。

目前我国批准使用的饲料添加剂一共有170多种，而国外允许使用的饲料添加剂种类更多。将这些添加剂进行正确的分类，对于合理使用添加剂是非常重要的。

1. 营养性添加剂

主要用于平衡鹅的日粮养分，以增强和补充日粮的营养为目的的那些微量添加成分。主要有氨基酸添加剂、维生素添加剂等。

(1)氨基酸添加剂　目前用于饲料添加剂的氨基酸有赖氨酸、蛋氨酸、色氨酸、苏氨酸、精氨酸、甘氨酸、丙氨酸和谷氨酸，共 8 种。其中在鹅日粮中常添加的为蛋氨酸和赖氨酸。

(2)维生素添加剂　国际饲料分类把维生素饲料划分为第七大类，指由工业合成或提纯的维生素制剂，不包括天然的青绿饲料。习惯上称为维生素添加剂，在国外已列入饲料添加剂的维生素有 15 种。

维生素添加剂种类和活性成分含量见下表 21。

表 21　各种维生素添加剂种类及其活性成分含量

维生素	添加剂原料	外观	原料活性成分含量	水溶性
维生素 A	经包被处理的酯化维生素 A	淡黄色至黄褐色的球状颗粒	一般为 50 万国际单位 / 克，有 65 万国际单位 / 克、25 万国单位 / 克	在温水中弥散
维生素 D_3	经吸附的酯化维生素 D_3	奶黄色细粉	一般为 50 万国际单位 / 克、20 万国际单位 / 克	可在水中弥散
维生素 E	经包被处理或吸附的酯化维生素 E	白色或淡黄色的球状颗粒或细粉	一般为 50%	包被的维生素 E 在水中可弥散、吸附的维生素 E 不能在水中散
维生素 K	亚硫酸氢钠甲萘醌	淡黄色粉末	50%	溶于水
	亚硫酸氢钠甲萘醌复合物		25%	
	亚硫酸嘧啶甲萘醌		22.5%	
维生素 B_1	盐酸硫胺素	白色粉末	98%	易溶于水，有亲水性
	单硝酸硫氨酸	白色或淡黄色粉末	98%	
维生素 B_2	核黄素	橘黄色至褐色粉末	96%	水中微溶

续表

维生素	添加剂原料	外观	原料活性成分含量	水溶性
维生素 B_6	盐酸吡哆醇	白色或淡黄色粉末	98%	溶于水
维生素 B_{12}	氰钴素	暗红色细粉末	0.1%、1%、5%、10%	溶于水
泛酸	D- 泛酸钙	类白色粉末	98%	可溶于水，有亲水性
生物素	生物素	白色结晶粉末	1%、2%	溶于水或在水中弥散
叶酸	叶酸	黄色或橙黄色	3%、4%	水溶性差
烟酸	烟酸	白色至淡黄色粉末	98%	水溶性差
	烟酰胺			易溶于水，有亲水性
维生素 C	抗坏血酸	白色粉末	99%	易溶于水，有亲水性
胆碱	氯化胆碱液态制剂	无色透明黏性液体	70%	任意比例与水混合
	氯化胆碱固态吸附剂	白色或黄褐色粉末	50%	氯化胆碱组分溶于水
肌醇	肌醇	白色结晶或粉末	97%	易溶于水

2. 非营养性添加剂

（1）抗病促进生长剂　主要功效是刺激鹅的生长，提高生产性能，改善饲料利用率，防治疾病，保障鹅的机体健康。这类添加剂主要包括抗生素类、驱虫保健类、磺胺类与甲氧苄啶等。

（2）饲料保存剂　主要包括抗氧化剂、防霉剂、颗粒黏结剂和防结块剂等。

（3）调味诱食剂和着色剂　主要包括调味诱食剂和着色剂等。

3. 绿色饲料添加剂

（1）益生素　又称益生菌或微生态制剂等，是指由许多有益微生物及其代谢产物构成的，可以直接饲喂动物的活菌制剂。目前已经确认适宜作益生素的菌种主要有乳酸杆菌、链球菌、芽孢杆菌、双歧杆菌以及酵母菌等。

（2）酶制剂　酶是活细胞所产生的一类具有特殊催化能力的蛋白质，是促进生化反应的高效物质。

二、鹅日粮标准化配制技术

（一）鹅饲料配制的原则

鹅饲料配方的原则是要根据鹅品种、发育阶段和生产目的的不同，制定适宜的饲养标准，既满足鹅的生理需要，又不造成营养浪费。立足当地资源，在保证营养成分的前提下尽量降低成本，使饲养者得到更大的经济效益。选择适口性并有一定体积的原料，保证鹅每次都食进足够的营养。多种原料搭配，以发挥相互之间的营养互补作用。控制某些饲料原料的用量。如豆科干草粉富含蛋白，在日粮中用量可为15%～30%；羽毛粉、血粉等虽然蛋白质含量高，但消化率低，添加量应在5%以下。选用的原料质量要好，没有发霉变质，没有受到农药污染。鹅常用各类饲料的大致用量见表22。

表22　鹅常用饲料的大致配比范围

饲料	育雏期(%)	育成期(%)	产蛋期(%)	肉仔禽(%)
谷实类	65	60	60	50～70
玉米	35～65	35～60	35～60	50～70
高粱	5～10	15～20	5～10	5～10
小麦	5～10	5～10	5～10	10～20
大麦	5～10	10～20	10～20	1～5
碎米	10～20	10～20	10～20	10～30
植物蛋白类	25	15	20	35
大豆饼	10～25	10～15	10～25	20～35
花生饼	2～4	2～6	5～10	2～4
棉(菜)籽饼	3～6	4～8	3～6	2～4
芝麻饼	4～8	4～8	3～6	4～8

续表

<table>
<tr><th>饲料</th><th>育雏期(%)</th><th>育成期(%)</th><th>产蛋期(%)</th><th>肉仔禽(%)</th></tr>
<tr><td>动物蛋白类</td><td colspan="4">10 以下</td></tr>
<tr><td>糠麸类</td><td rowspan="3">5 以下</td><td>10 ～ 30</td><td>5 以下</td><td rowspan="3">10 ～ 20</td></tr>
<tr><td>粗饲料</td><td colspan="2">优质苜蓿粉 5 左右</td></tr>
<tr><td>青绿青贮类</td><td colspan="2">青绿饲料按日采食量的 10 ～ 30</td></tr>
</table>

饲料混合形式包括粉料混合，粉、粒料混合和精、粗料混合 3 种形式。粉料混合是指将各种原料加工成干粉后搅拌均匀，压成颗粒投喂，这种形式既省工省事，又防止鹅挑食。粉、粒料混合即日粮中的谷实部分仍为粒状，混合在一起，每天投喂数次，含有动物性蛋白质、钙粉、食盐和添加剂等的混合粉料另外补饲。精、粗料混合是将精饲料加工成粉状，与剁碎的青草、青菜或多汁根茎类等混匀投喂，钙粉和添加剂一般混于粉料中，沙粒可用另一容器盛置。用后两种混合形式的饲料饲喂鹅时易造成某些养分摄入过多或不足。

（二）鹅的饲料配合方法

1. 试差法

试差法是饲粮配合常用的一种方法。试差法又称为凑数法，该方法是先按饲养标准规定，根据饲料营养价值表先粗略地把所选饲料试配合，再计算其中主要营养指标的含量，然后与饲养标准相比较，对不足的和过多的营养成分进行增减调整，计算其中的营养成分，与饲养标准比较，进行调整计算，直至所配饲粮达到饲养标准规定要求为止。下面举例说明试差法配合饲粮的具体步骤。

示例：用试差法为 0 ～ 6 周龄雏鹅配合饲粮，饲料有玉米、麸皮、豆饼、棉籽饼、秘鲁鱼粉、石粉、磷酸氢钙、食盐和复合添加剂等。

第一，根据美国 NRC 标准，从饲料营养成分表上查出所选定饲料的主要营养指标。

第二，试配。计算试配配方的代谢能和粗蛋白质两项最重要营养指标的含量，并与饲养标准进行比较。

试配的饲粮配方计算结果与饲养标准进行比较，其代谢能和粗蛋白质两项指标均未达到饲养标准，其他指标尚未计算。

第三，修正试配的饲料配方。试配配方所含粗蛋白质较饲养标准相差较大，故需提高粗蛋白质含量高的鱼粉和豆饼用量；试配配方的代谢能含量尚不足，则应适量增加高能饲料玉米的用量。经计算，试配配方的钙、磷含量均不足，故需补充石粉和磷酸氢钙。按饲养标准，配方中应含食盐 0.37%。此外，再添加 1%复合添加剂预混合饲料（其中含微量元素、维生素、氨基酸、保健药物及载体），以满足雏鹅生长的营养需要。

从调整后的饲粮配方的计算结果可以看出，饲粮的几项主要营养指标——代谢能、粗蛋白质、钙、磷、食盐均已达到饲养标准，仅钙的含量略高，可不做调整。此外，饲粮中因补充了复合添加剂 1%，所以饲粮中维生素、微量元素和必需氨基酸等也都可满足需要。至此，试配的饲粮配方经调整后业已完成。

第四，列出饲粮配方。有条件的单位和个人可选用有饲料配方电脑程序进行配料。

2. 对角线法

对角线法又称方形法、四角法。其基本方法是由两种饲料配制某一养分符合要求的混合饲料。但通过连续多次运算，也可由多种饲料配合两种以上符合要求的混合饲料。这种方法直观易懂，适于在饲料种类少、营养指标要求不多的情况下采用。举下例说明此法：

例如：用玉米和豆粕配制一个粗蛋白质水平为21%的混合饲料。方法和步骤如下：

第一，已知玉米含蛋白质 8.4%，豆粕含粗蛋白质 43%。

第二，做十字交叉图，把要求的粗蛋白质含量 21%放在中心，把玉米和豆粕的粗蛋白质含量分别放在左上角和左下角。即：

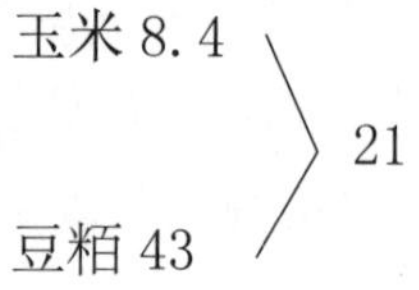

玉米 8.4

21

豆粨 43

第三，以左上角、左下角为出发点，各向对角通过交叉中心大数减小数，所得的数值分别记在右下角和右上角。即：

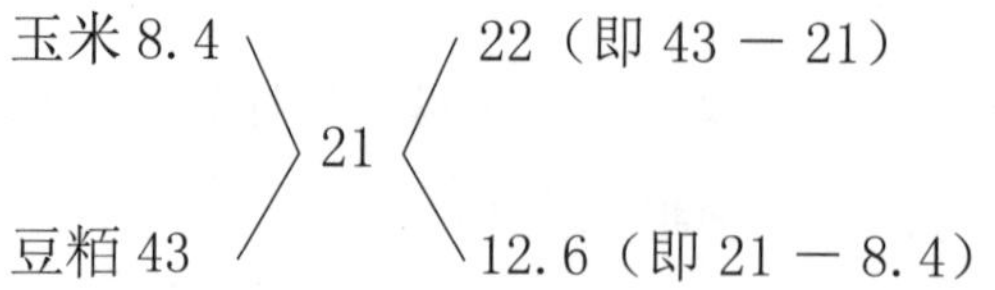

玉米 8.4　　22（即 43 − 21）

21

豆粨 43　　12.6（即 21 − 8.4）

第四，上图表示的意思就是用玉米22份（千克）和豆粕12.6份（千克）配合就可得到粗蛋白质为21%的混合饲料，但是这样用不方便，应转换成百分数。

第五，要把上面的配比算成百分数，就是将每种饲料的份数除以两者之和。

玉米、豆粕份数之和是 $22+12.6=34.6$

玉米应占百分比：$22\div34.6\times100\approx63.6\%$

豆粕应占百分比：$12.6\div34.6\times100\approx36.4\%$

第六，计算此配方中的能量水平。玉米的代谢能为13.56兆焦/千克，豆粕的代谢能为9.62兆焦/千克，则代谢能 $=13.56\times63.6\%+9.62\times36.4\%=8.62+3.50=12.12$（兆焦/千克）。

以上是对角线法的基本步骤。

3. 公式法

公式法又称联立方程式法。这种方法是通过解线性联立方程求得饲料配方比例，举下例说明此法。示例：用含粗蛋白质8.0%的玉米和含粗蛋白质42.0%的大豆粕，配制100千克含粗蛋白质15.0%的混合饲料，那么需要玉米和大豆粕各多少千克？

设：需要玉米 X 千克，需要大豆粕 Y 千克，

则：$\begin{cases} X+Y=100 \\ (8.0\%X+42.0\%Y)\div100=15.0\% \end{cases}$

解此二元联立方程，即可求得 $X=20.59$，$Y=79.41$，亦即求得用含粗蛋白质8.0%的玉米和含粗蛋白质42.0%的大豆粕，配制100千克含粗蛋白质15.0%的混合饲料需要玉米20.59千克，需要大豆粕79.41千克。

4. 计算机法

用可编程序计算器和电脑设计配方，使得饲料配方的设计和计算十分方便。不论是试差法还是公式法都可以编成简短的程序，利用计算器或者计算机进行计算。目前国内已开发出多种饲料配方电脑（系统），并在生产中显示了极大的优越性。目前国内主要应用的饲料配方系统有CMIX饲料配方系统、三新智能饲料配方系统和SF-450饲料配方系统等。

（三）鹅饲料配方实例

1. 雏鹅饲料配方

在育雏期的前半程（15日龄内），由于雏鹅消化能力较弱，不易饲养管理，

所以一般多用配合日粮，并可适量投喂青绿饲料，但不可过多，以避免造成腹泻或营养摄入不足等而影响生长发育。育雏的后半程(15 日龄后)，可通过放牧或投喂等方式逐渐增加青绿饲料的采食量。雏鹅日粮中应适当补加骨粉和食盐，避免雏鹅出现矿物质缺乏的情况。配合饲料的选用应根据当地的饲料资源，选择合适的饲料原料，按照鹅的营养需要进行配制。这里介绍几例雏鹅饲料配方(表 23 至表 30)。

表 23　雏鹅饲料配方一

饲料原料	配比(%)
碎米	50
米糠	14
麸皮	10
豆饼(花生饼)	20
大麦芽	3
骨粉	1.8
食盐	0.4
沙粒	0.8

表 24　雏鹅饲料配方二

饲料原料	配比(%)
玉米粉	53
豆饼	33
小麦麸皮	10
骨粉	2.1
食盐	0.4
沙粒	0.7

续表

饲料原料	配比(%)
食用多维素添加剂	0.05
赖氨酸添加剂	0.5
蛋氨酸添加剂	0.25

表 25　雏鹅饲料配方三

饲料原料	配比(%)
黄玉米粉	48
小麦次粉	10
碎大麦	10
青干草粉	3
鱼粉	6
豆粕	20
石粉	0.5
碳酸氢钙	0.5
碘化食盐	0.5
微量元素添加剂	0.25
维生素添加剂	0.5
沙粒	0.75

表 26　雏鹅饲料配方四

饲料原料	配比(%)
玉米	56.0
啤酒糟	8.1

续表

饲料原料	配比(%)
豆粕	24.0
菜籽饼	8.0
磷酸氢钙	3.0
食盐	0.4
添加剂	0.5

表 27　雏鹅饲料配方五

饲料原料	配比(%)
玉米	45.0
高粱	15.0
豆粕	29.5
麦麸	6.9
磷酸氢钙	2.4
石粉	0.3
食盐	0.4
添加剂	0.5

表 28　雏鹅饲料配方六

饲料原料	配比(%)
玉米	55.0
血粉	2.3
豆粕	17.2
麦麸	7

续表

饲料原料	配比(%)
稻谷	9.2
棉籽粕	5.8
磷酸氢钙	2.6
食盐	0.4
添加剂	0.5

表 29　雏鹅饲料配方七

饲料原料	配比(%)
玉米	54.0
鱼粉	4.0
豆粕	22.4
麦麸	9
稻糠	7
贝壳粉	2.7
食盐	0.4
添加剂	0.5

表 30　雏鹅饲料配方八

饲料原料	配比(%)
玉米	60.0
葵花籽粕	8.0
豆粕	22.0
菜籽粕	3.7

续表

饲料原料	配比(%)
骨粉	5.4
食盐	0.4
添加剂	0.5

2. 肉鹅饲料配方

因鹅是草食性家禽，所以可充分利用此特性为其配制日粮配方，最大限度地利用好青粗饲料，在满足鹅体正常生长发育的情况下，降低成本投入，保证严格效益。在肉鹅饲养中，可进行全日放牧。全日放牧时，需注意酌情予以补饲，尤其应注意矿物质添加剂的供给，以满足其正常发育的需要。在育肥期，应逐渐加大精饲料的供给，以利于其脂肪的沉积，增加膘度，保证出栏体重。肉鹅日粮配方举例(表 31、表 32)。

表 31　肉鹅日粮配方一

饲料原料	雏鹅(0～3 周龄)	生长鹅(4～10 周龄)	育肥鹅(11 周龄至出售)
玉米(%)	40.6	35.1	43.0
高粱(%)	15.0	20.0	25.0
豆饼(%)	22.5	14.0	19.0
鱼粉(%)	7.5		
肉骨粉(%)		3.0	
麸皮(%)	6.0	10.0	6.0
米糠(%)	2.5	13.0	3.0
玉米面筋(%)	1.5	2.5	
糖蜜(%)	1.5		
猪油(%)	0.5		0.6
磷酸氢钙(%)	0.8	0.8	1.6

续表

	雏鹅(0～3周龄)	生长鹅(4～10周龄)	育肥鹅(11周龄至出售)
石粉(%)	0.8	0.8	0.9
食盐(%)	0.3	0.3	0.4
预混合饲料(%)	0.5	0.5	0.5

表32　肉鹅日粮配方二

饲料原料	0～4周龄	4～7周龄	7～10周龄
秸秆生物饲料(%)	70	75	85
骨粉(%)	1	1	1
豆饼(%)	5	5	3
鱼粉(%)	2.5	3.1	2.5
玉米粉(%)	18	16	5
麸皮(%)	2.2	3.5	1
食盐(%)	0.3	0.4	0.5
贝壳粉(%)	1	2	2

3. 产蛋鹅及种鹅饲料配方

鹅产蛋前1个月左右，应改喂种鹅饲料。种鹅日粮的配合要充分考虑母鹅产蛋各个阶段的实际营养需要，并根据当地的饲料资源，因地制宜制定饲料配方。以下列举了几个产蛋鹅及种鹅饲料配方（表33、表34）。

表33　产蛋鹅及种鹅饲料配方一

饲料原料	配比(%)	营养水平
玉米	40.8	
菜籽粕	4	
豆饼	18	

续表

饲料原料	配比(%)	营养水平
麦麸	8	粗蛋白质≥ 15.5% 代谢能 10.82 兆焦 / 千克 钙≥ 2.2% 磷≥ 1.0%
高粱	19.6	
磷酸氢钙	4.9	
石粉	3.8	
食盐	0.4	
添加剂	0.5	

表 34　产蛋鹅及种鹅饲料配方二

饲料原料	配比(%)	营养水平
玉米	55	粗蛋白质≥ 13.6% 代谢能 10.95 兆焦 / 千克 钙≥ 2.2% 磷≥ 1.0%
菜籽粕	6.6	
豆饼	6.7	
麦麸	12	
稻谷	8	
血粉	3.1	
磷酸氢钙	3.8	
贝壳粉	3.9	
食盐	0.4	
添加剂	0.5	

4. 不同品种鹅饲料配方

不同品种鹅由于其生理特点、地域特点等不同，因而在营养需要方面也存在较大差异，应根据不同品种鹅的营养需要科学制定日粮配方，合理饲养。以下列举几种鹅的饲料配方（表 35 至表 38）。

表 35　太湖鹅日粮配方

饲料原料	肉用仔鹅	种鹅
玉米(%)	52	65
四号粉(%)	2.0	4.0
米糠(%)	12.43	
麸皮(%)	6.0	4.0
豆粕(%)	14.0	12.0
菜籽饼(%)	6.0	6.0
鱼粉(%)	5.0	2.0
骨粉(%)	2.0	2.6
贝壳粉(%)		4.0
食盐(%)	0.4	0.4
蛋氨酸(%)	0.17	
粗蛋白质(%)		15.3
代谢能(兆焦/千克)	12.01	12.04

表 36　昌图豁眼鹅日粮配方

饲料原料	1 ~ 30 日龄	31 ~ 90 日龄	91 ~ 180 日龄	成年鹅
玉米(%)	47	47	27	33
麸皮(%)	10	15	33	25
豆粕(%)	20	15	5	11
稻糠(%)	12	13	30	25
鱼粉(%)	8	7	2	3
骨粉(%)	1	1	1	1

续表

饲料原料	1 ~ 30 日龄	31 ~ 90 日龄	91 ~ 180 日龄	成年鹅
贝壳粉(%)	2	2	2	2
代谢能(兆焦/千克)	12.08	12.00	11.10	10.38

表 37　朗德鹅饲料配方

饲料原料	配比(%)	营养水平
玉米	58.4	粗蛋白质≥ 13.6% 代谢能 12.1 兆焦 / 千克
麸皮	13	
豆饼	18	
鱼粉	8	
骨粉	2	
生长素	0.2	
食盐	0.4	

表 38　朗德鹅雏鹅饲料配方

饲料原料	配比(%)	营养水平
玉米	57.6	粗蛋白质≥ 19.95% 代谢能 12.17 兆焦 / 千克 有效磷≥ 0.4% 钙≥ 0.6%
小麦	6.0	
麦麸	5.8	
豆粕	17.3	
花生饼	2.5	
菜籽饼	1.5	
鱼粉	5.0	
磷酸氢钙	1.4	

续表

饲料原料	配比(%)	营养水平
石粉	1.2	
食盐	0.3	
预混合饲料	1.0	
赖氨酸	0.05	
蛋氨酸	0.2	
肉碱	0.15	

5. 通用型鹅日粮配方

通用型鹅日粮配方，见表 39、表 40。

表 39　国内通用型鹅日粮配方

饲料原料	3 ~ 10 日龄	11 ~ 30 日龄	31 ~ 60 日龄	60 日龄以上
玉米、高粱、大麦(%)	61	41	11	11
豆饼或其他饼(%)	15	15	15	15
糠麸(%)	10	25	40	45
稗子、草籽、干草粉(%)	5	5	20	25
动物性饲料(%)	5	10	10	—
贝壳粉或石粉(%)	2	2	2	2
食盐(%)	1	1	1	1
沙粒(%)	1	1	1	1

表 40　国外通用型鹅日粮配方

饲料原料	0 ~ 3 周龄	3 周龄至上市	种鹅
黄玉米(%)	48.75	46.0	41.75

续表

饲料原料	0～3周龄	3周龄至上市	种鹅
小麦粗粉(%)	5.0	10.0	5.0
小麦次粉(%)	5.0	10.0	10.0
碎大麦(%)	10.0	20.0	20.0
脱水干燥青饲料(%)	3.0	1.0	5.0
肉粉(50%粗蛋白质)	2.0	2.0	2.0
鱼粉(60%粗蛋白质)	2.0		2.0
干乳(%)	2.0		1.5
豆粕(50%粗蛋白质)	20.0	8.75	7.5
石粉(%)	0.5	0.5	3.25
磷酸氢钙(%)	0.5	0.5	0.75
碘化食盐(%)	0.5	0.5	0.5
微量元素预混合饲料(%)	0.25	0.25	0.25
维生素预混合饲料(%)	0.5	0.5	0.5

（四）了解商品饲料

1. 预混合饲料

预混合饲料就是将维生素、微量元素、部分氨基酸和部分用量少的矿物质按一定比例混合在一起，在配置全价料时按一定比例加入。虽然预混合饲料在饲料中占的比例少，但是作用大，是饲料的精华部分。根据在饲料中的添加量，预混合饲料主要有1％预混合饲料和4％预混合饲料，也有5％或3％预混合饲料。预混合饲料是目前销售厂家最多的饲料种类，因为它需要的场地、人员等方面相对较少，单位质量的利润较高。预混合饲料的主要组成成分见表41。

表41　几种主要商品饲料的成分组成

	1%预混合饲料	2%～6%预混合饲料	浓缩料	全价料
1	多种维生素	多种维生素	多种维生素	多种维生素
2	微量元素	微量元素	微量元素	微量元素
3	氨基酸	氨基酸	氨基酸	氨基酸
4	药物及非营养添加剂	药物及非营养添加剂	药物及非营养添加剂	药物及非营养添加剂
5	食盐	磷酸氢钙	磷酸氢钙	磷酸氢钙
6	少量载体	食盐、少量石粉	食盐	食盐
7		载体	石粉	石粉
8		其他	蛋白饲料（饼粕）	蛋白饲料（饼粕）
9			油脂	油脂
10			其他	能量饲料（玉米等）
11				其他

2. 浓缩料

浓缩料也叫料精或精饲料，是在预混合饲料的基础之上加入蛋白质饲料、石粉、油脂等原料，按一定比例混合而成。蛋白质饲料主要是豆粕、鱼粉、花生粕、棉粕、玉米蛋白粉等。根据其在全价料中的比例，不同的公司的浓缩料从25%～40%不等。使用35%～40%的浓缩料一般用户只需要再加入玉米就可以了。使用35%以下的浓缩料用户除了另外加入玉米外，有时还需要加入一些蛋白质饲料、麸皮或部分食盐等原料。

3. 全价饲料

全价饲料指营养全面，可以直接饲喂的饲料。能量饲料多用玉米、高粱、大麦、小麦、麸皮、细米糠、甘薯粉、马铃薯和部分动、植物油等为原料。全价配合饲料可呈粉状；也可压成颗粒，以防止饲料组分的分层，保持均匀度和便于饲喂。颗粒饲料较适于肉用家畜与鱼类，但成本较高。一般全价饲料的用量比较大，长途运输成本增加较多，而玉米和石粉都是比较便宜和容易买得到的原料。

III 鹅的青粗饲料安全生产技术

一、鹅用青粗饲料安全生产技术

（一）青干草

1. 青干草的营养价值

青干草同精饲料相比有以下特点：第一，容积大，青干草属于大容积饲料，每单位自然容积的重量轻；第二，粗纤维含量较高，多数在25%～35%，能量含量低；第三，粗纤维中有较难消化的木质素成分，故消化率较低；第四，矿物质含量以铁、钾和微量元素较高，而磷的含量相对较低；第五，青干草含有较多的脂溶性维生素，如胡萝卜素、维生素D、维生素E等，豆科青干草还富含B族维生素；第六，蛋白质含量差异较大，如豆科青干草粗蛋白质含量接近20%，禾本科青干草在10%以下，作物秸秆只有3%～5%，见表42和表43。因调制青干草的原料品种、生育期、加工方法的不同，品质差异较大。

表42 玉米和几种干草的化学成分与营养价值比较

牧草	干物质（%）	粗蛋白质（%）	粗脂肪（%）	粗纤维（%）	灰分（%）	产奶净能（兆焦/千克）	可消化蛋白质（克/千克）
苜蓿	91.3	18.7	3.0	27.8	6.8	1.31	112
草木樨	88.3	16.8	1.6	27.9	13.8	1.02	101
羊草	91.6	7.4	3.6	29.4	4.6	1.03	44
燕麦草	86.5	7.7	1.4	28.4	8.1	0.99	45
玉米	88.4	8.6	3.5	2.0	1.4	1.71	56

注：引自《中国饲料成分与营养价值表》。

表 43　玉米和苜蓿青干草维生素含量比较

牧草	样品说明	干物质（%）	胡萝卜素(毫克/千克）	硫胺素（毫克/千克）	核黄素（毫克/千克）	烟酸（毫克/千克）	泛酸（毫克/千克）	胆碱（毫克/千克）	叶酸（毫克/千克）	维生素E（毫克/千克）
玉米	黄玉米	88	1.3	3.7	1.1	21.5	5.7	440	0.4	22
苜蓿	日晒	90.7	3.6	2.8	8.7	35.3	15.3	1 500	1.3	40
苜蓿	人工干燥	93.1	148.8	3.9	15.5	54.6	32.6	1 614	2.6	147

注：引自《中国饲料成分与营养价值表》。

2. 适时刈割

(1)适时刈割的重要性　饲料作物在生长发育过程中，其营养物质是在不断变化的，处于不同生育期的牧草或饲料作物不仅产量不同，而且营养物质含量也有很大的差异。随着饲料作物生育期的推移，其体内最宝贵的营养物质，如粗蛋白质、胡萝卜素等的含量会大大减少，而粗纤维的含量却逐渐增加，因此单位面积上，饲料作物的产量和各种营养物质含量，主要取决于饲料作物的收割期。因此，要根据不同饲料作物的产量及营养物质含量，适时刈割。

一般禾本科牧草的适宜刈割时期为抽穗开花初期，豆科牧草为现蕾—开花期，但也因草而异。主要豆科和禾本科牧草的适宜刈割时期见表 44。在生产实践中，由于受到天气、人力、机具等因素的制约，可适当提前刈割。

表 44　几种主要豆科、禾本科牧草的适宜刈割期

饲料名称	刈割时期	备注
羊草	开花期	一般在 6 月底至 7 月底
无芒雀麦	孕穗—抽穗期	
黑麦草	抽穗—初花期	
苜蓿	现蕾—始花期	
红豆草	现蕾—开花期	
苏丹草	抽穗期	

续表

名称	刈割时期	备注
红三叶	初花至中花	

（2）适时刈割的一般原则　饲料作物适宜刈割期的一般原则：一是以单位面积内营养物质的产量最高时期或以单位面积的总消化养分（TDN）最高期为标准；二是有利于饲料作物的再生；三是根据不同的利用目的来确定。如苏丹草和高粱苏丹草杂交种适宜刈割后调制青干草的时期均为抽穗期。

3. 青干草的干燥方法

（1）饲料作物干燥的基本原则　根据苏丹草等干燥时水分散发的规律和营养物质变化的情况，干燥时必须掌握以下基本原则：

1）干燥时间要短　缩短干燥所需的时间，可以减少生理和化学作用造成的损失，减少遭受雨露打湿的机会。

2）防止被雨和露水打湿　苏丹草等在凋萎过程中，应当尽量防止被雨露淋湿，因为遭受雨淋时，茎叶中的水溶性营养物质会被淋溶，从而使干草的质量下降。

（2）鲜草干燥的主要方法　饲料作物干燥的方法很多，大体上可分为自然干燥法和人工干燥法两类，自然干燥法又可分为地面干燥法、草架干燥法两种。

1）地面干燥法　是指苏丹草等刈割后，原地曝晒 4 ～ 5 小时，使之凋萎，含水量降至40%左右。然后，用搂草机或人工把草搂成垄，继续干燥 4 ～ 5 小时，使其含水量降至35%左右。用集草器或人工集成小堆干燥，再经 1 ～ 2 天晾晒后，就可以调制成含水量为 15%左右的优质青干草（图 31）。

图 31　搂草与翻晒

2）草架干燥法　在湿润地区，由于苏丹草等收割时适逢雨季，用一般的地面干爆法调制干草时，干草往往会变黑、发霉或腐烂。在这种情况下，可采用草架干燥法。用草架对刈割的苏丹草等进行干燥时，首先应把割下的饲料作物在地面干燥半天或 1 天，使含水量降至 50%左右，然后用草叉将草上架。堆放时应自下往上逐层堆放，饲料作物的上部朝里，最底下一层与地面应有一定距离，这样既有利于通风，也可避免与地面接触吸潮。草架干燥法可以大大提高饲料作物的干燥速度，保证干草质量，减少各种营养物质的损失，但投入的劳力和设备费用都比较大。干草架按其形式和用材的不同可以分为以下几种形式：树干三脚架、幕式棚架、铁丝长架和活动式干草架（图 32）。

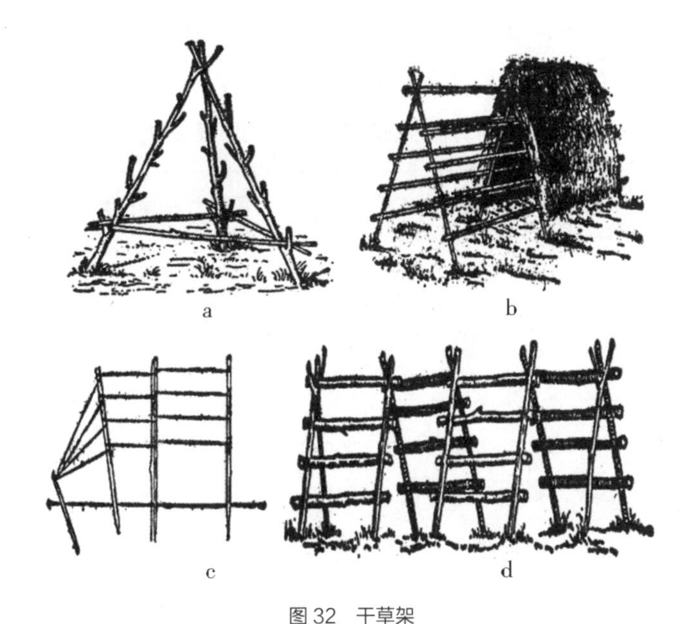

图 32　干草架

a. 树干三脚架　b. 幕式棚架　c. 铁丝长架　d. 活动式干草架

3）人工干燥法　饲料作物人工干燥法基本分为三种：常温通风干燥法、低温烘干法和高温快速干燥法。

常温通风干燥法是先建一个干燥草库，库房内设置大功率鼓风机若干台，地面安置通风管道，管道上设通气孔。需干燥的青草，经刈割压扁后，在田间干燥至含水量 35%～ 40%时运往草库，堆在通风管上，开动鼓风机完成干燥。

低温烘干法是先建造饲料作物干燥室、空气预热锅炉，设置鼓风机和牧草传送设备；用煤或电作能源将空气加热到 50 ～ 70℃或 120 ～ 150℃，鼓入干燥室；利用热气流经数小时完成干燥。浅箱式干燥机日加工能力为

2 000 ～ 3 000 千克干草，传送带式干燥机每小时加工 200 ～ 1 000 千克干草。

高温快速干燥法是利用高温气流（温度为 500 ～ 1 000℃），将饲料作物水分含量在数分钟甚至数秒钟内降到 14%～ 15%。

用自然干燥法生产出来的草产品由于芳香性氨基酸未被破坏，草产品具有青草的芳香味，尽管粗蛋白质有所损失，但这种方法生产的草产品有很好的消化率和适口性，鹅的采食量增多，鹅的营养摄取量也就相应增加。相反，用人工或混合干燥法加工出来的草产品经过高温脱水过程，尽管有较多的蛋白质被保留下来，但芳香性氨基酸却被挥发掉了，保留下来的蛋白质也会发生老化现象，这种方法加工的草产品消化率和适口性均有所降低。所以上述各种干燥法各有其优缺点，在实际操作中，应根据当地的具体情况采用不同的干燥方法。不同调制方法对干草营养物质损失的影响见表 45。

表 45　不同调制方法对干草营养物质损失的影响

调制方法	可消化蛋白质的损失（%）	每千克干草胡萝卜素的含量（毫克）
地面晒制的干草	20 ~ 50	15
架上晒制的干草	15 ~ 20	40
机械烘干的干草	5	120

4. 青干草的堆垛、贮藏和使用

（1）堆垛　为了把调制好的青干草很好地长期贮藏起来，需要把搂集起来的草堆成大垛，以待运走和长期贮藏。

长期保藏的草垛，垛址应选择在地势高而平坦、干燥、排水良好，雨、雪水不能流入垛底的地方。距离禽舍不能太远，以便于运输和取送，而且要背风或与主风向垂直，以便于防火。同时，为了减少干草的损失，垛底要用木头、树枝、老草等垫起铺平，高出地面 40 ～ 50 厘米，还要在垛的四周挖深 30 ～ 40 厘米的排水沟。

堆垛时，不论是圆垛还是长垛，垛的中间要比四周高，要逐层踏实，四周边缘要整齐。含水量高的草应当堆放在草垛上部，过湿的干草应当挑出来，不能堆垛。草垛收顶应从堆到草垛全高的 1/2 或 2/3 处开始。从垛底到开始收顶处，应逐渐放宽约 1 米（每侧加宽 0.5 米）。干草堆垛后，一般用干燥的杂草或麦秸封顶，并逐层铺压。垛顶不能有凹陷和裂缝，以免漏进雨、雪水。草垛的顶脊必须用绳子或泥土封压坚固，以防大风吹刮。

（2）青干草的贮藏与使用　堆垛初期，特别是在 10 ～ 20 天，如果发现有漏缝，应及时加以修补。如果垛内的发酵温度超过55℃时，应及时采取散热措施，否则干草会被毁坏，或有可能发生自燃着火。散热办法是用一根粗细和长短适当的直木棍，前端削尖，在草垛的适当部位打几个通风眼，使草垛内部降温。

当年调制的青干草要和往年结余的青干草分别贮藏和使用。用草时先喂陈草，后喂新草；先取粗草，后取细草。

5. 青干草的品质鉴定

对于青干草的品质鉴定，生产中常采用感官鉴定法，鉴定内容主要包括对青干草收割时期、颜色、叶量的多少、气味、病虫害的感染情况等方面。

（1）收割时期　收割时期是对质量影响最大的因素。一般来讲，质量随植株成熟度的增加而降低，尤其是刈割前后成熟度变化速度非常快，有可能收割期仅相差 2 ～ 3 天，其质量就会产生显著差异。

（2）颜色　优质青干草颜色较绿，一般绿色越深，其营养物质损失越少，所含的可溶性营养物质、胡萝卜素及其他维生素也越多。褐色、黄色或黑色的青干草质量较差。

（3）叶量的多少　叶片比茎秆含有更多的非结构性碳水化合物（糖类和淀粉）和粗蛋白质，所以，青干草中叶量的多少，是确定干草品质的重要指标，叶量越多，营养价值越高。茎叶比一般随植株的成熟而增加。

（4）气味　优良的青干草一般都具有较浓郁的芳香味。这种香味能刺激鹅的食欲，增强适口性，如果有霉烂及焦灼的气味，则品质低劣。

（5）病虫害的感染情况　病害和虫害的发生较为严重时，会损失大量的叶片，降低草产品质量。杂草含量较高，特别是含有有毒有害杂草时，则不仅会降低质量，更会影响到鹅的健康状况，一般不宜饲喂鹅。

（二）草粉

1. 草粉（图 33）的用法和用量

干草粉是由干燥牧草粉碎后形成的粉状饲料，它主要用于制作鹅配合饲料。用豆科牧草生产出的优质草粉，是重要的蛋白质饲料来源。以优质豆科牧草苜蓿为例，用现蕾期至初花期收割的苜蓿，经高温、快速人工干燥后生产出的苜蓿干草粉，几乎可以保存新鲜苜蓿的全部营养，其蛋白质含量可达20%～22%，胡萝卜素高达250～300毫克，矿物质和各种维生素都比一般的谷物饲料丰富，用这样的苜蓿草粉可替代鹅配合饲料中10%～12%的精饲料。

图33　草粉

2. 可用于制作干草粉的饲草

可供加工草粉的牧草种类繁多，在我国几乎所有优良牧草均可加工制成草粉，如紫花苜蓿、红豆草、草木樨、红三叶、白三叶、野豌豆、柱花草、大翼豆、冰草、针茅、黑麦草、早熟禾等。这些优良牧草中含有丰富的蛋白质及各种维生素和矿物质，是配合饲料中最重要、最经济的蛋白质补充来源。

3. 草粉加工设备

干草粉加工设备主要是粉碎机（图34）。粉碎饲草适用锤片式粉碎机。牧草纤维含量较高，故牧草专用粉碎机的锤片一般排列更紧密并设有切刀，使得对牧草粉碎效率更高，效果更好。在没有牧草专用粉碎机的情况下，也可选用带有切向进料或侧向进料的通用粉碎机粉碎牧草。目前国外在规模化生产草粉时，常用大型草捆粉碎机及桶式粉碎机，将各种形状、尺寸的干草捆先预粉碎，再用通用粉碎机粉碎成草粉。

图34　饲草粉碎机

好的饲草粉碎机应符合以下几个要求：①根据需要能方便地调节粉碎成品的粒度。②粒度均匀，粉末少，粉碎后不产生高热。③可方便地连续进料及出料。④单位成品能耗低。⑤工作部件耐磨，更换迅速，维修方便，标准化程度高。⑥周详的安全措施。⑦作业时粉尘少，噪声不超过环卫标准。

4. 草粉的贮藏方法

（1）低温密闭贮藏　牧草草粉营养价值的重要指标是维生素和蛋白质的含量。因此贮藏牧草草粉期间的主要任务是如何创造出条件，保持这些生物活性物质的稳定性，减少分解破坏。许多试验和生产实践证明，只有在低温密闭的条件下，才能大大减少牧草草粉中维生素、蛋白质等营养物质的损失。中国北方寒冷地区，可利用自然条件进行低温密闭贮藏。

（2）干燥低温贮藏　牧草草粉安全贮藏的含水量在13%～14%时，要求温度在15℃以下，含水量在15%左右时相应的温度为10℃以下。

（三）草颗粒

为了缩小草粉体积，便于贮存和运输，可以用制粒机把干草粉压制成颗粒状，即草颗粒（图35）。草颗粒可大可小，直径为0.64～1.27厘米，长度为0.64～2.54厘米。颗粒的密度为700千克/米^3（而草粉密度为300千克/米^3）。

图35　草颗粒

草颗粒的制作方法是用草粉（苜蓿、青干草、农作物秸秆）55%～60%、精饲料（玉米、高粱、燕麦、麸皮等）35%～40%、矿物质和维生素3%、尿素1%组成配合饲料，用颗粒饲料压粒机压制成颗粒饲料。制粒时草粉的含水率是影响成粒效果的重要因素，一般14%～16%的含水率适宜压粒。也可在草粉原料中加入5%左右的油脂或糖蜜，以提高黏结效果，同时可减少颗粒机压模磨损，降低能耗。

草颗粒使用中应注意，首次饲喂前要驯饲 6 ～ 7 天，使鹅逐渐习惯采食颗粒饲料；颗粒饲料遇水会膨胀破碎，影响采食率和饲料利用率，所以雨季不宜在敞圈中饲喂，一般在枯草期进行，以避开雨季。

（四）农作物秸秆的加工调制

1. 农作物秸秆营养价值

这类饲料的主要特点是粗纤维含量特别高，其中木质素含量非常高，一般粗纤维含量为 25％以上，个别可达 50％以上；粗蛋白质含量一般不超过 10％，可消化蛋白质含量更少；粗灰分则高达 6％以上，其中稻壳的灰分将近 20％，但粗灰分中可利用的矿物质钙、磷含量很少，各种维生素含量极低。一般，秸秆、秕壳类饲料的营养价值较低，只适用于饲喂鹅等草食动物，对于非草食家畜和禽类，秸秆粉基本上是用作饲粮营养浓度的稀释剂。秸秆类饲料的营养价值见表 46。

表 46　秸秆类饲料的营养价值

干草	干物质（%）	产奶净能（兆焦 / 千克）	奶牛能量单位（兆焦 / 千克）	粗蛋白质（%）	粗纤维（%）	钙（%）	磷（%）
玉米秸	91.3	6.07	1.93	9.3	26.2	0.43	0.25
小麦秸	91.6	2.34	0.74	3.1	44.7	0.28	0.03
大麦秸	88.4	2.97	0.94	5.5	38.2	0.06	0.07
粟秸	90.7	4.27	1.36	5.0	35.9	0.37	0.03
稻草	92.2	3.47	1.11	3.5	35.5	0.16	0.04
大豆秸	89.7	3.22	1.03	3.6	52.1	0.68	0.03
豌豆秸	87.0	4.23	1.35	8.9	39.5	1.31	0.40
蚕豆秸	93.1	4.10	1.31	16.4	35.4		
花生秸	91.3	5.02	1.60	12.0	32.4	2.69	0.04
甘薯藤	88.0	4.60	1.47	9.2	32.4	1.76	0.13

注：摘自姚军虎主编的《动物营养与饲料》。

2. 可用作饲料的秸秆

秸秆类饲料秸秆分禾本科和豆科两大类。禾本科有玉米秸、稻草、小麦秸、大麦秸、粟秸(谷草)等；豆科有大豆秸、蚕豆秸、豌豆秸等。

(1)玉米秸　玉米秸秆外皮光滑，质地坚硬，可作为鹅的饲料。粗蛋白质含量为6.5%，粗纤维含量为34%，鹅对玉米秸秆粗纤维的消化率为48%，对无氮浸出物的消化率在60%左右。秸秆青绿时，胡萝卜素含量较高，为3～7毫克/千克。夏播的玉米秸秆由于生长期短，粗纤维少，易消化。同一株玉米，上部比下部营养价值高，叶片比茎秆营养价值高，易消化。玉米梢的营养价值又稍优于玉米芯，而和玉米苞叶营养价值相仿。青贮是保存玉米秸秆养分的有效方法，玉米青贮料是鹅常用粗饲料。

(2)稻草　稻草是我国南方农区主要的粗饲料来源，其营养价值低，但生产的数量大，全国每年约为1.88亿吨。鹅对其消化率为39%左右。稻草的粗纤维含量较玉米秸高，约为35%，粗蛋白质为3%～5%，粗脂肪为1%左右，粗灰分为17%（其中硅酸盐所占比例大)；钙和磷含量低，分别约为0.29%和0.07%，不能满足鹅生长和繁殖需要，可将稻草与优质干草搭配使用。为了提高稻草的饲用价值，可添加矿物质和能量饲料，并对稻草进行氨化、碱化处理。

(3)麦秸　麦秸的营养价值因品种、生长期不同而有所不同。常做饲料的有小麦秸、大麦秸和燕麦秸秆，其中小麦秸秆产量最多。小麦秸粗蛋白质含量为3.1%～5.0%，粗纤维含量高。

3. 农作物秸秆的加工调制

秸秆加工调制的方法有3种：物理加工方法、化学处理方法、生物学处理方法。

(1)物理加工方法　秸秆的物理加工指机械粉碎、揉搓、压制颗粒，加压蒸汽处理，热喷处理和高能辐射处理等物理方法。这些方法对提高秸秆的消化率和营养价值都有一定的效果，但就目前生产和经济水平来说，粉碎、揉搓、压制颗粒等方法比较简便可行。其他方法因耗能多、设备贵、技术较复杂等，处理成本较高。

1)机械粉碎　机械粉碎是加工秸秆常用的方法，用电或柴油发动机为动力，采用合适的机械将秸秆打碎。粉碎的秸秆减少了鹅咀嚼的时间，加快了采食速度。

2)秸秆揉搓技术　将秸秆直接切短后饲喂鹅，食净率只有70%，虽然提高了秸秆的适口性和采食量，但仍有较大程度的浪费。使用揉搓机将秸秆揉搓成条状后再进行饲喂，食净率可达到90%以上。使用揉搓机将秸秆揉搓成柔软的丝条状后进行氨化，不仅氨化效果好，而且可进一步提高食净率。秸秆的揉搓、丝化加工技术不仅为农作物秸秆的综合利用提供了一种手段，而且还可弥补我国饲草短缺，为农作物秸秆，尤其是玉米秸秆等生物资源向工业品转化开辟了新渠道。这一技术将收获后的玉米秸秆压扁并切成细丝，经短时间干燥后机械打捆，成为饲草和植物纤维工业原料直接进入流通市场。更进一步的技术是将农作物秸秆进行切丝后揉搓，破坏其表皮结构，大大增加水分蒸发面积，使秸秆3～5个月的干燥期缩短到1～3天，并且不破坏其纤维强度，保持了秸秆的营养成分。

3)热喷处理秸秆　热喷处理是运用气体分子动力学的原理和相应机械结合，在高温高压作用下，通过喷放的机械效应加工秸秆的方法。也是一种膨化技术，可以处理木质素含量高的粗饲料。经温度、压力和喷放作用的结果，细胞间木质素熔化，某些结合键断开，打乱了纤维素细胞的晶体结构，细胞组织被“撕”开呈游离状态，提高消化率。

(2)化学处理方法　秸秆的化学处理指用氢氧化钠、尿素、氨水、碳酸氢铵、石灰等碱性或碱性含氮的化合物处理秸秆的方法。在碱的作用下，可以打开纤维素、半纤维素与木质素之间对碱不稳定的酯键，溶解半纤维素和一部分木质素及硅酸盐。纤维发生膨胀，让瘤胃中微生物的酶能够渗入，从而改善适口性，增加采食量，提高秸秆的消化率，是目前生产中效果比较明显的处理秸秆的方法。但从经济、技术及对环境的影响几方面综合分析，氨处理秸秆比较适用，也是联合国粮农组织正在推广的方法。

(3)生物学处理方法　秸秆的生物学处理方法是利用乳酸菌、纤维分解菌、酵母菌等一些有益微生物和酶在适宜的条件下，使其生长繁殖，分解饲料中难以被家禽消化利用的纤维素和木质素，同时可增加一些菌体蛋白质、维生素及对鹅有益物质，软化饲料，改善味道，提高适口性和营养价值。秸秆的生物学处理方法主要有以下几种：

1)自然发酵　将秸秆粉与水按1∶1比例搅拌均匀，冬天最好用50℃温水，可在地面堆积，水泥池中压实和装缸压实进行发酵，地面堆积需用塑料薄膜包好，3 天后即可完成发酵。发酵的饲料具有酸香、酒香味。

2）加精饲料发酵　将自然发酵的秸秆粉中加一定量的麦麸、玉米面等无氮浸出物含量较高的原料，还可添加一定量的尿素等，促进微生物大量繁殖，2～3 天可完成发酵，这种发酵效果非常好。

3）秸秆微贮　在农作物秸秆中加入微生物高效活性菌种，放于密封容器中贮藏，经一定时间厌氧发酵，使秸秆变成具有酸香味，鹅喜食，并可长期保存的饲料。制作良好的微贮饲料能显著提高消化率、适口性、采食量。微生物的活动，也大大提高了饲料的营养价值。但这种方法需要细致的操作和特定的环境与设备，成本相对较高。

（五）树叶类饲料的加工调制

我国有丰富的林业资源，树叶数量大，大多数都可以饲用。树叶的营养丰富，经加工调制后，不仅能做鹅的维持饲料，而且还可以作为鹅的生产饲料，尤其是优质的青树叶还是鹅良好的蛋白质和维生素饲料来源。树叶虽是粗饲料，但其营养价值远比秸秆类饲料要高。

树叶的营养价值因其产地、品种、季节、采摘时间、采摘方法、调制方法不同而差异较大。一般松针在春秋季节松脂率含量较低时采摘，北方地区的紫穗槐、洋槐叶在 7～8 月采摘营养价值最高，另外用青刈法采摘的树叶其营养价值较落叶法所得树叶营养价值要高。几种常见树叶的营养成分含量见表 47。

表 47　几种鲜树叶的营养成分含量

树叶名称	粗蛋白质（%）	粗脂肪（%）	粗纤维（%）	无氮浸出物（%）	粗灰分（%）	钙（%）	磷（%）
松叶	12.1	11.0	27.1	46.8	3.0	1.10	0.19
紫穗槐叶	21.5	10.1	12.7	49.1	6.6	0.18	0.94
杨树叶	22.7	3.2	12.4	54.4	7.3	1.21	0.18
柳树叶	15.6	6.0	12.9	55.9	9.6	1.20	0.21
榆树叶	22.4	2.5	17.3	50.2	7.6	0.97	0.17
构树叶	22.8	6.2	13.4	41.6	16.0	2.44	0.46

续表

树叶名称	粗蛋白质（%）	粗脂肪（%）	粗纤维（%）	无氮浸出物（%）	粗灰分（%）	钙（%）	磷（%）
合欢叶	25.8	6.4	20.9	39.2	7.7		
杏树叶	10.1	5.2	8.2	66.3	10.2		
桑叶	14.4	13.0	22.9	32.9	16.8	2.29	3.00

注：摘自张秀芬主编的《饲草饲料加工与贮藏》。

（六）其他粗饲料加工调制技术

1. 小方草捆（图 36）的加工

（1）小方草捆加工的好处　用压缩草捆的方式收获加工干草，可以减少牧草最富营养的草叶损失，因为压捆可省去制备散干草时集堆、集垛等作业环节，而这些作业会造成大量落叶损失。压缩草捆比散干草密度高，且有固定的形状，运输、贮藏均可节省空间。一般草捆比散干草可节约一半的贮存空间。压缩草捆加工主要有田间行走作业和固定作业两种方式。田间行走作业多用于大面积天然草地及人工草地的干草收获，固定作业常用于分散小地块干草的集中打捆及已收获农作物秸秆和散干草的常年打捆。草捆的形状主要有方形和圆形两种，每种草捆又有大小不同的规格。在各种形状及规格的草捆中，以小方草捆的生产最为广泛。

图 36　小方草捆

小方草捆是由小方捆捡拾压捆机（即常规打捆机）将田间晾晒好的含水率在 17%～22% 的牧草捡拾压缩成的长方体草捆，打成的草捆密度一般在 120～260 千克 / 米 ^{3}，草捆重量在 10～40 千克，草捆截面尺寸（30～40）厘米 ×（45～50）厘米，草捆长度 0.5～1.2 米，这样的形状、重量和尺寸非常适于人工搬运、饲喂，在运输、贮藏及机械化处理等方面均具有优越性。以小方草捆的形式收获加工干草，无论对于天然草地，还是人工草地都是最常见的。

(2)小方草捆加工设备　加工小方草捆的主要设备是小方草捆捡拾压捆机，这种机具在田间行走中可一次完成对干草的捡拾、压缩和捆绑作业，形成的草捆可铺放在地面，也可由附设的草捆抛掷器抛入后面拖车运走。对于打捆机一般要求捡拾能力强，能将晒干搂好的草条最大限度捡拾起来，打成的草捆要有一定的密度且形状规则。

(3)小方草捆加工技术　加工小方草捆的技术关键是牧草打捆时的含水率。合适的含水率能更多地保存营养并使草捆成形良好且坚固。通常干草在含水率为17%～22%时开始打捆，打出的草捆密度可在200千克/米^{3}左右，这样的草捆不需在田间干燥，可以立即装车运走，在贮存期间会逐渐干燥到安全含水率15%以下。有时为了减少落叶损失，可在含水率较高(22%～25%)的条件下开始捡拾打捆，在这种情况下，要求操作者将草捆密度控制在130千克/米^{3}以下，且打好的草捆在天气状况允许的情况下应留在田间使其继续干燥。这种低密度草捆的后续干燥速度较快，待草捆含水率降至安全标准，再运回堆垛贮存。为了减少捡拾压捆时干草的落叶损失，捡拾压捆作业最好在早晨和傍晚空气湿度较大时进行，但是清晨露水较多及空气湿度太高时不宜进行捡拾打捆，否则会造成草捆发霉。

(4)小方草捆的堆垛、贮藏与使用　加工好的干草捆如果贮藏条件不好或水分含量较高(高于15%)，就会大大降低其营养价值。在条件较好的草棚或草仓中贮存，干草捆的干物质损失不会超过1%。干草捆一般有后续干燥作用，在通风良好又能防风雨的贮藏条件下，干草捆存放30天左右，含水率可达到12%～14%的安全存放水平。打好的草捆只有达到安全含水率时，才能堆垛贮藏。草捆最好的贮藏方法是堆放在草棚中，堆放位置应选择在较高的地方，同时靠近农牧场，而且应采取防火、防鼠等措施。露天堆放时，要尽量减少风和降雨对干草的损害，可采用帆布、聚乙烯塑料布等临时遮盖物或在草捆垛上面覆盖一层麦秸或劣质干草，达到遮风避雨的效果。堆垛时草捆垛中间部分应高出一些，而且草捆垛顶部朝主导风向的一侧，应稍带坡度。

草捆堆垛的最简单形状为长方形，当加工的草捆较少时，最好将草垛堆成正方形，这样可减少贮藏期间损耗。堆垛时，草捆不要接触地面，应在草垛底部铺放一层厚20～30厘米的秸秆或干树枝。堆放在底层的草捆，应选择压得最实、形状规则的草捆，堆放第一层时草捆不要彼此靠得过紧，以便于以后各层草捆堆放。堆放时草捆应像砌砖墙那样相互咬合，即每一捆草都应压住下面一层草捆彼此间的接缝处。捆扎较好的草捆应排放在外层，尤其是草垛的四角，而捆得较松的草捆一般摆在草垛中间。每一层草捆的堆放都应从草垛的一角开始，沿外侧摆放，最后再放草垛中间部分。

2. 大圆草捆(图 37)的加工

(1)大圆草捆的好处　大圆草捆是由大圆捆打捆机将田间晾晒好的牧草捡拾并自动打成的大圆柱形草捆。以大圆草捆的形式收获加工干草，相对于小方草捆可减少劳动量，一般大圆草捆从收获到饲喂的人工劳动量仅为小方草捆的 1/3 ～ 1/2，因此大圆草捆更适合劳动力缺乏地区使用。典型的大圆草捆密度为 100 ～ 180 千克 / 米^3，大多数圆草捆直径 1.5 ～ 2.1 米(国产机型打出的大圆草捆直径为 1.6 ～ 1.8 米)，长度 1.2 ～ 2.1 米，重量在 400 ～ 1 500 千克，这样的形状、尺寸和重量，限制了大圆草捆的室内贮藏及长距离运输，因此大圆草捆常在室外露天贮存并多数在产地自用，一般不做商品草出售。

许多作物都可以打成大圆草捆，如各类禾本科、豆科牧草及农作物秸秆，但对于干草的打捆还是禾本科干草更适宜，这是因为大圆捆机在捡拾及成形过程中会造成豆科干草大量落叶损失，而对禾本科干草造成的损失相对较小。

图 37　大圆草捆

(2)大圆草捆加工设备　加工大圆草捆的设备主要是大圆捆机，该机在田间行走过程中完成捡拾打捆作业。大圆捆机按工作原理分为内卷式和外卷式两种。内卷式大圆捆机可形成内外一致、比较紧密的草捆，这种草捆成形后贮放相当长的时间不易变形，但成捆后继续干燥较慢，因此打捆时牧草含水率应低些，以防草捆发热霉变。而外卷式大圆捆机可形成芯部疏松、外层紧密的草捆，这种草捆透气性好，后续干燥作用强，故可在牧草含水率稍高的情况下开始打捆。目前国产大圆捆机都属外卷式。大圆捆机较小方捆捡拾压捆机结构简单，维护操作较容易，捆绳需要量较少且对捆绳质量要求不高。

(3)大圆草捆加工技术　为保证大圆干草捆的质量，制作大圆草捆前牧草刈割晾晒要做到适时收割，尽快干燥，即牧草应在营养丰富、产量高的生长阶段进行刈割，割后牧草应创造条件使其尽快干燥。为此，豆科牧草最好在割的同时进行压扁，并且适当翻晒。大圆草捆打捆的适宜含水率依牧草种类、天气状况和贮存方式而定，通常适宜的含水量为 20%～25%。

(4)大圆草捆的堆垛、贮藏与使用　大圆草捆常露天存放，圆形有助于抵御雨水侵蚀及风吹。大圆草捆打捆后几天内，草捆外层可形成一防护壳阻止雨雪降入，因雨水会沿打捆物料的茎秆从圆捆表面流到地面而不是渗入。当草捆成形良好并较紧密的情况下，这层防护壳厚度不超过 7 ～ 15 厘米。为了减少底部腐烂，即使露天存放，大圆草捆最好从田间移到排水良好且离饲喂点较近的地方贮存。露天存放的损失依牧草种类、打捆湿度、草捆密度、贮存期长短及贮存期间的降水量而变化，其范围在 10%～ 50%或更多，良好的管理可将损失控制在 10%～ 15%。

3. 草块(图 38)

(1)草块加工的好处　草块是由切碎或粉碎干草经压块机压制成的立方块状饲料。同草捆相比，由于草块不需捆扎，故装卸、贮藏、分发饲料时的开支减少，又因草块密度及堆积容重较高，贮存空间比草捆少 1/3，同时草块的饲喂损失比草捆低 10%，因此相对于草捆在运输、贮存、饲喂等方面更具优越性；与草颗粒相比，压块前由于不需将干草弄得很细碎，从而节约粉碎能耗。用优质牧草制成的草块，如苜蓿草块，极具商业价值，在草产业发达国家，如美国，生产的草块大多作为商品出售。

图 38　草块

(2)草块加工设备　田间压块采用自走式或牵引式压块机，机具在田间作业过程中，可一次完成干草捡拾、切碎、成块的全部工作。田间压块方式适用于天气状况极有利于牧草田间干燥的地区，即在这些地区，割倒牧草能在短时间内自然干燥到适宜压块的含水率，而且田间压块主要用于纯苜蓿草地或者苜蓿占 90%以上的草地的牧草收获压块。

（3）草块加工技术　牧草压块分为田间压块和固定压块两种加工方式。田间压块的工艺流程是，割倒并晾晒好的含水率为 10%～12%的草条，由田间压块机的捡拾器捡起的同时，经喷水嘴喷水，然后送到捡拾器后的搅龙中进行粉碎；压轮将牧草挤入并通过环模孔，便可形成 5～7 厘米的草块，压好的草块由输送器卸入拖车中，即完成田间压块的过程。用固定式压块机进行规模化压块生产较先进的工艺流程是先将原料干草运至粉碎区，将粉碎的干草进入计量箱，混入膨润土和水后卸入压块机，压好的草块在冷却器冷却 1 小时，由输送带送至草块堆垛机上，均匀堆贮。

（4）草块质量的影响因素

1）长度　草块的产品质量，可以通过控制草段的切碎长度来实现。若要得到短纤维、较紧密的草块，则可将牧草切碎些；若要得到长纤维、松散些的草块，则牧草的切段可长些。

2）含水率　生产压块饲料时，草块的密度、强度及营养价值高低，在很大程度上取决于所压制原料的含水率和温度，当压制含水率为 12%以下的切碎牧草时，大部分草块会散碎。压制含水率为 13%～17%的混合物料时，当压块时温度为 40℃左右，制成的饲料块强度最大。

3）温度　当原料温度高于 60℃，饲料块强度会迅速降低，因此用人工干燥碎草压块时，碎干草从烘干机中出来后，压块前应冷却一下。为了提高成块性，压块时常加入廉价的膨润土作为黏结剂，加入量大约在 3%。

制成的草块可以堆贮或装袋贮存，一般压出草块经冷却后含水率可降至 14%以下，能够安全存放。

二、鹅用青贮饲料安全生产技术

（一）青贮饲料的好处

青贮饲料（图 39）与新鲜的青绿饲料相比，其干物质和营养价值略低，但同晒制干草相比，则有许多优点：第一，青贮饲料最大限度保持了青绿饲料的营养特性；第二，可以充分发挥高产饲料作物的潜力；

图 39　青贮饲料

第三，青贮饲料调制过程中干物质的损失比干草低；第四，青贮饲料能实现全年相对均衡地饲喂鹅，尤其是北方严重缺乏青绿饲料的冬春季节；第五，占用空间小，管理费用低，可长期保存。在贮存设施完好，例如塑料膜没破损、窖壁无漏缝等情况下，不开窖可以长期保存。

（二）饲料青贮的原理

利用乳酸菌对原料进行厌氧发酵，产生乳酸。当 pH 降到 4.0 左右时，包括乳酸菌在内的所有微生物停止活动，且原料养分不再继续分解或消耗，从而长期将原料保存下来。

（三）青贮饲料的发酵过程

青贮发酵由三个时期组成，分别是厌氧形成期、厌氧发酵期和稳定期。新制作的青贮饲料虽然已压实封严，但植物细胞的呼吸作用仍然进行，植株被切碎造成组织损伤释放出液体可使呼吸作用增强，在植物细胞中呼吸酶的作用下将组织中糖分进行氧化，并产生一定的热量。此时温度升高，随着呼吸作用的进行，青贮窖中不多的一些空气逐渐被消耗形成厌氧条件，这就是厌氧形成期，也可称为呼吸期，正常情况下 2 ～ 3 天完成。青贮发酵的第二个时期是厌氧发酵期，随着青贮窖内厌氧环境的形成，乳酸菌等厌氧菌迅速增殖，使 pH 迅速下降，在青贮后 10 ～ 12 天，pH 达到 4.0，饲料变酸。青贮发酵的第三个时期是青贮稳定期，生物化学变化相对稳定，青贮饲料在窖中可以长期保存。

（四）青贮饲料原料的选择

1. 原料的选择

适宜制作青贮的原料应具有以下条件：①有一定糖分。即水溶性碳水化合物，要求新鲜饲料中含量在 2%以上。②较低的缓冲能力，即容易调制成酸性或碱性，因为缓冲力是指抗酸碱性变化的能力。③青饲料的干物质含量在 20%以上，即原料的含水量要低于 80%。④具有理想的物理结构，即容易切碎和压实。

这些条件是相互联系的，如某种原料的糖分含量达到要求，但原料的水分含量太高，调制的青贮料酸度就过高，水溶性养分损失多，青贮料质量不高。而在原料不具备某些条件时，可采取措施创造适宜条件。如原料含水量太高，则在田间晾晒蒸发一部分水分或添加一定量的低水分饲料。

2. 适于调制青贮的原料

适于调制青贮的原料大致可分为三类：①青饲玉米、高粱、大麦、青燕麦、小麦、黑麦、苏丹草和杂交高粱等。②农作物副产品，如收获后的玉米秸、甘薯和马铃薯的藤蔓等。③野生植物，如青茅草、芦苇等。

（五）制作青贮饲料的方法

1. 青贮作物收获适期

原料的收割时期是影响青贮饲料质量的重要因素。随着牧草生育期走向成熟阶段，牧草干物质产量逐渐提高，而营养物质的消化率逐渐下降。一般豆科牧草在花蕾期至盛花期收割，禾本科牧草在抽穗期至乳熟期收割，全株玉米青贮的最佳收割期应选择在籽粒乳熟后期至蜡熟前期。

2. 调制青贮饲料前的准备工作

调制青贮饲料之前应做好原料、运输和粉碎机械、青贮窖或青贮设施及塑料膜、劳动力等物资和人员的准备工作。

（1）原料　根据饲养鹅的数量、种类，计算需要贮备的量。

（2）运输工具和机械设备　全部机械作业情况下，由玉米收割机在田间收割和切碎原料，由汽车将切碎的原料运送至青贮窖；在一部分机械、一部分人工作业条件下，通常将地里收割的青玉米，用车运送至青贮窖旁，再由青饲料粉碎机切碎，风送至窖内。由于每一窖青贮要求在 2 ～ 3 天完成，首先，要准备足够的运输车，从青玉米地向青贮窖运送原料；第二，是准备足够的、效率高的粉碎机械；第三，准备好机械维修人员与易损零配件。这样才能保证青贮调制过程连续作业。

（3）劳动力　除运输车辆的司机外，每台粉碎机械视机器大小配备人员，其他还需有搬运、窖内平整人员，小型青贮窖由人工踩紧，大型青贮窖用履带式拖拉机镇压，边角用人力补一补。因此，要依机械化程度组织所需劳动力，以便每窖能及时封顶。

（4）覆盖用塑料膜　要求厚度 0.12 毫米以上，有较好的延伸性与气密性，黑色膜有利于保护青饲料中的维生素等营养成分，多用来覆盖。土造窖还需用塑料薄膜垫底。

3. 青贮设施

青贮设施是用于保存青贮饲料不透空气或厌氧结构的设备，青贮设施的建筑与设计依各地经济条件、环境条件、鹅场规模的不同，分别采取以下不同形式。

（1）青贮壕（图 40） 分两种形式，一为壕沟式，在山坡或土丘挖一个长条形沟，依地下水位情况，沟深 2 ～ 3 米，宽与长度依原料多少而定，沟壁和底部要求平整，上口比底略宽，沟的一端或两端有斜坡连接地面，如果直接使用，壁和底应铺垫塑料膜，最好砌砖石，水泥抹平；装填青贮料时汽车或拖拉机可从一头开进至另一头开出。此法人工或机械作业方便，造价低，能适应不同生产规模，但要求地面排水良好。另一种箱板式，适于建立在地势平坦、石头地面或各种不宜挖沟的地方，两侧为钢筋水泥预制板块，可以拼接，外面用柱子顶住，板块略向外倾斜，使上口比底大，使用时内壁衬贴塑料膜。此种结构是青贮壕的发展，也可称作地面青贮堆，便于机械作业，建设地点灵活，可以搬迁。

图 40 青贮壕

（2）青贮坑（窖）（图 41） 我国北方地区常用此形式，选择地势高燥、临近道路的地点建设，分地上式、地下式和半地下式，多采用长方形，永久性的青贮坑可用砖石砌，水泥抹平，一端留有斜坡，以便取料时进出方便。半地下式建在地下水位较高的地区，不宜挖得太深，砌墙时高出地面 1 米左右，墙外仍须堆土加固，若机械作业，青贮窖宽 3 米以上，深度 2 ～ 4 米，长度依地形和贮存原料多少而定。

图 41 青贮窖

（3）青贮塔（图 42） 畜牧业发达的国家把青贮塔看作是常规的青贮设施，青贮塔是直立的地上建筑物，呈圆形，类似瞭望塔，这是一种永久性设施，结构上必须能承受装满饲料后青贮塔内部形成的巨大压力，内壁要求平滑，饲料能顺利自然下沉。外壳用金属材料，内为水泥预制件衬里，也有用搪瓷材料的，上有防雨顶盖，塔的大小不定，通常直径 3 ～ 6 米，高 12 ～ 14 米，取用装填青贮料均用机械作业，贮存损失小，使用期长，占地相对较少，寒冷天气等不良气候条件下，取用方便是它的优点。主要问题是投资高，构造比较复杂，附属设施较多，制造工艺水平要求高，国内除东北部分地区外极少采用。

图 42　青贮塔

（4）青贮袋（图 43）　袋装青贮技术的出现，使青贮饲料的使用进一步扩大，但成功的使用必须与相应的机械结合，塑料袋的原材料厚度 0.15 ～ 0.2 毫米，深色，有较强的抗拉力，气密性好，存放场地要防止鼠虫危害。

图 43　青贮袋

（5）草捆青贮（图 44）　主要适用于牧草，将收割的青牧草用机械压制成圆形紧实的草捆，装入塑料袋并扎紧袋口便可存放，或由缠绕机用薄膜将草捆缠绕紧实。其他要求与青贮袋相同。

图44 草捆青贮

4. 青贮饲料的调制步骤

含水量40%～80%的青绿植物原料均可调制成青贮饲料，由于原料含水率是影响青贮料质量的重要因素，为便于指导生产，依原料含水率高低将青贮饲料分为三类：含水量70%以上的为高水分青贮，含水量60%～70%称萎蔫青贮，含水量40%～60%叫半干青贮。我国养鹅生产中应用较多的是高水分青贮。

（1）要调节好原料的含水率　青贮料质量与原料含水率关系很大，含水率太高，调制的青贮酸度大，开窖后极易变质腐烂；含水率太低，即原料太干不易压紧，容易长霉，优质青贮一般要求含水量60%～75%。当原料水分含量太高时，可采取晾干法，利用晴天收割饲料摊晾在田间半天或一天，至含水率合适时收回青贮。

（2）调节原料的含糖量　即水溶性碳水化合物的含量。据测定乳熟期—蜡熟期收割的玉米和高粱植株等含糖量较高，干物质中含量在16%～20%。青大麦、黑麦草、苏丹草等禾本科牧草也能达到青贮的要求，而豆科牧草含糖量较低，干物质中含量9%～11%，不宜单独青贮。对于糖分含量低的原料的调节方法，一是降低原料含水量，使糖分含量的相对浓度提高；二是直接加一定量的糖蜜；三是与含糖分高的饲料混合青贮。

（3）切短（图45）　青贮原料切短是为了压得紧实，为了最大限度地排除窖内的空气，给乳酸菌发酵创造条件。青饲料切得短，汁液流出多，为乳酸菌提供营养，以便尽快实现乳酸发酵，减少原料养分的损耗。一般要求粗硬的原料、含水量较低的原料切得短些，如玉米，建议6.5～13毫米；含水量较高、较细软的牧草可切得长一些，建议10～25毫米。原料的切碎，常使用青贮联合收割机、青贮料切碎机、饲料揉切机或滚筒式铡草机。根据原料的不同，把机器调节到粗切和细切的部位。

（4）装填（图 45） 青贮原料应随切碎随装填，原料切碎机最好设置在青贮设备旁边，尽量避免切碎原料的暴晒。青贮原料的填装，既要快速，又要压实。

青贮原料装填之前，要对青贮设施清扫、消毒。可在青贮窖或青贮壕底，铺一层 10 ～ 15 厘米厚的切短秸秆或软草，以便吸收青贮汁液。窖壁四周铺一层塑料薄膜，以加强密封性，避免漏气和渗水。一旦开始装填，应尽快装填完毕，以避免原料在装满和密封之前腐败。一般说来，一个青贮设施，要在 2 ～ 5 天装满。装填时间越短越好。

图 45 切短、装填

（5）压实（图 46） 无论是青贮窖或坑，压得越实越易形成厌氧环境，越有利于乳酸菌活动和繁殖，是保证青贮料质量的关键。大约每装填 30 厘米厚，压实一遍；装入青贮壕时可酌情分成几段，顺序装填，边装填边压实。注意不遗漏边角地方。压实过程中，不要带进泥土、油垢和铁钉、铁丝等，以免污染青贮原料。

图 46 压实

(6)密封(图 47)　快装、封严也是得到优质青贮料的关键。制作青贮时，尽快装满封窖，及时密封和覆盖，目的是造成设备内的厌氧状态，抑制好氧菌的发酵。一般应将原料装至高出窖面 1 米左右，在原料的上面盖一层 10 ～ 20 厘米切短的秸秆或牧草，覆上塑料薄膜后，再覆上 30 ～ 50 厘米的土，踩踏成馒头形或屋脊形，以免雨水流入窖内。

图 47　密封

(7)后期管理　在封严覆土后，要注意后期管理，要在四周挖好排水沟，防止雨水渗入。要注意鼠害，发现老鼠盗洞要及时填补。杜绝透气并防止雨水渗入。最好能在青贮窖、青贮壕或青贮堆周围设置围栏，以防牲畜践踏，踩破覆盖物。一般经过 30 ～ 60 天，就可开窖使用。

5. 青贮饲料的使用

(1)青贮饲料的取用　青贮饲料一般在调制后 30 天左右，即可开窖取用，开窖面不要过大，随吃随开，分层取用，每天挖取暴露表面层厚度在 30 厘米以上，最好能使挖后的表面整齐，如果用钉齿耙挖取，力求保持表面齐整，不可乱挖以防弄松后留大量空气进入窖内引起败坏。使用时拣出霉变饲料，取后密封，防止氧化变质。

(2)喂法　青贮料适口性好，但多汁轻泻，应与干草、秸秆和精饲料搭配使用。开始饲喂时，要有一个适应过程，喂量由少到多逐渐增加。

(3)饲喂量　生产中可根据鹅不同饲养阶段调整青贮饲料的用量，一般青贮饲料、青干草、新鲜牧草等搭配喂养占鹅日粮 20%～ 50%，精饲料占 50%～ 80%。推荐喂养方法(日龄越小的鹅，精饲料占比例越大)如下：

精饲料 80％＋青贮饲料 10％＋青干草（或新鲜牧草）10％＋碳酸氢钠粉 0.5％

精饲料 70％＋青贮饲料 15％＋青干草（或新鲜牧草）15％＋碳酸氢钠粉 0.5％

精饲料 60％＋青贮饲料 20％＋青干草（或新鲜牧草）20％＋碳酸氢钠粉 0.5％

精饲料 50％＋青贮饲料 20％＋青干草（或新鲜牧草）30％＋碳酸氢钠粉 0.4％

其中精饲料，则可以参考以下配方：

配方一：蛋白质含量 12％的精饲料配方，玉米粗粉或压片玉米（或谷粉）62％、豆粕 10％、小麦粗粉 15％、麦麸或米糠 10％、磷酸氢钙 1％、骨粉 1％、多种维生素和矿物质预混合饲料 1％、食盐 0.3％、碳酸氢钠 1％。

配方二：蛋白质含量 15％的精饲料配方，玉米粗粉或压片玉米（或谷粉）48％、麦麸或米糠 10％、棉籽粕 10％、小麦粗粉 11％、豆粕 18％、磷酸氢钙 1％、骨粉 1％、多种维生素和矿物质预混合饲料 1％、食盐 0.3％、碳酸氢钠 1％。

配方三：蛋白质含量 18％的精饲料配方，玉米粗粉或压片玉米（或谷粉）44％、麦麸或米糠 10％、棉籽粕 5％、小麦粗粉 15％、豆粕 23％、磷酸氢钙 1％、骨粉 1％、多种维生素和矿物质预混合饲料 1％、食盐 0.3％、碳酸氢钠 1％。

配方四：玉米粗粉 40％～60％、小麦麸 10％～20％、豆粕 8％～20％、棉籽粕 8％～25％、菜籽粕 3％～6％、小麦 10％～15％、预混合饲料 1％、食盐 0.3％、磷酸氢钙或骨粉 2％、强微 99 生酵剂 0.025％、碳酸氢钠 1％。

6. 青贮料品质鉴定

青贮料品质优劣，随原料和调制技术好坏而变化，往往优劣相差悬殊。几种青贮料营养成分见表 48。启用时应做评定，最简单的是做感官鉴定，在必要时需进一步做实验室鉴定。

表 48　几种青贮料营养成分

成分	苜蓿青贮	全株玉米青贮	燕麦草青贮	黑麦草青贮	甘薯茎叶青贮	马铃薯茎叶青贮
干物质（％）	28.3	23.2	32.4	27.6	2.1	14.8

续表

	苜蓿青贮	全株玉米青贮	燕麦草青贮	黑麦草青贮	甘薯茎叶青贮	马铃薯茎叶青贮
粗灰分（%）	2.6	1.4	2.7	2.2	1.4	2.8
粗纤维（%）	9.1	5.9	11.5	10.2	3.5	3.4
粗脂肪（%）	0.9	0.8	1.0	0.9	0.5	0.5
无氮浸出物（%）	10.5	14.1	14.3	11.5	5.1	5.7
粗蛋白质（%）	5.1	2.0	2.9	2.9	1.6	2.3
消化粗蛋白质（牛）	3.4	0.9	1.6	1.6	1.0	1.5
消化能（牛）（兆焦/千克）	0.70	0.72	0.84	0.68	0.28	0.38
总消化养分（牛）（%）	15.9	16.3	19.0	15.3	6.3	8.7
钙（%）	0.40					0.3
磷（%）	0.10					0.30
胡萝卜素（毫克/千克）	34.4	11.0				

（1）感官鉴定　青贮料感官鉴定是从颜色、气味和质地等方面来鉴定。

颜色：因原料与调制方法不同而有差异。青贮料的颜色越近似于原料颜色，则说明青贮过程是好的。品质良好的青贮料，颜色呈黄绿色；中等呈黄褐色或褐绿色；劣等的为褐色或黑色。

气味：正常青贮有一种酸香味，略带水果香味者为佳。凡有刺鼻的酸味，则表示含有醋酸较多，品质较次。霉烂腐败并带有丁酸味（臭）者为劣等，不宜饲喂。换言之，酸而喜闻者为上等，酸而刺鼻者为中等，臭而难闻者为劣等。

质地：品质好的青贮料在窖里压得非常紧实，拿到手里却是松散柔软，略带潮湿，不粘手，茎、叶、花仍能辨认清楚。若结成一团，发黏，分不清原有结构或过于干硬，都为劣等青贮料。

（2）实验室鉴定　青贮料实验室鉴定的项目，可根据需要而定。一般鉴定时，首先测定 pH、氨量、微生物种类及数量，进一步测定其各种有机酸和营养成分的含量。

pH 在 4.0 ～ 4.5 为上等，4.5 ～ 5.0 为中等，5.0 以上为劣等。正常青贮料中蛋白质仅分解到氨基酸。如有氨存在，表示已有腐败过程。

专题三
鹅群安全生产管理技术

专题提示

近年来随着鹅产品开发和养鹅经济效益的提高，规模化的种鹅场不断涌现，对种鹅的饲料营养研究、疾病预防、日常管理研究进一步深入。生产中常常把种鹅饲养划分为育雏期、后备期、产蛋期和休产期等几个阶段，各阶段在饲养管理上有不同的要求。

I 雏鹅安全生产管理技术

一、雏鹅的生理特点

雏鹅一般是指从出壳到28日龄的小鹅（图48）。雏鹅的生理特点是生长发育快，消化道容积小，消化能力不强，体温调节机能尚未完全，对外界温度的变化适应力很弱，并且抗病力差。所以鹅育雏阶段的饲养管理将直接影响雏鹅的生长发育及其成活率，继而影响中鹅和种鹅的生产性能。

图48　雏鹅

1. 体温调节机能较差

刚出壳的雏鹅，全身覆盖着柔软稀薄的初生羽绒，保温性能较差，而且雏鹅体质娇嫩，自身体温调节机能差。因此，鹅育雏阶段还不能适应外界环境的温度变化，必须在育雏室中精心管理，避免忽冷忽热。随着羽毛的生长和脱换，体温调节能力逐渐增强，5 ～ 7 天的雏鹅可以考虑进行适当的室外活动，根据气候条件不同，10 ～ 20 天即可脱温。

2. 生长速度快

雏鹅生长迅速，新陈代谢旺盛。中型鹅种如四川白鹅在放牧饲养条件下，2 周龄体重是初生重的 4.5 倍，6 周龄为 20 倍，8 周龄为 32 倍。大型鹅种具有更快的早期生长速度。饲料要保证足够的营养，同时要注意房舍的通风换气，保证氧气的供应。

3. 消化吸收能力差

雏鹅消化道短，而且比较柔弱，消化机能不够健全，必须保证饲料的营养水平，精心饲喂，才能保证营养需要。饲料中的粗纤维含量要控制在 5%以下，青绿饲料要精心挑选，选择柔软、品质好、适口性好的牧草或野草，并要切碎后饲喂。

二、雏鹅标准化管理技术

（一）育雏方式

1. 地面平养（图 49）

鹅的育雏方式主要以地面垫料平养为主，育雏室要求保温性能好。早春季节和寒冷的冬季育雏要有加温保暖设施，以保证育雏室内有高而均匀的温度，避免忽冷忽热，满足雏鹅保暖的要求。对垫料的要求：应柔软没有尖锐物，防止划伤雏鹅皮肤，通风透气吸水性好，不易霉变，预防雏鹅发病。常用的垫料有锯屑、稻壳、稻草、麦秸等。地面平养采用的加温方式比较多，常用的有火炉和地上火龙加热，供暖效果比较好，育雏的数量比较多。地面平养要控制

图 49　地面平养育雏

好垫料潮湿度，经常更换垫料，若湿度大，容易诱发各种细菌病，影响育雏质量。

在北方农村可以结合火炕进行平面育雏。炕面与地面平行或稍高于地面，方便操作。另外要设置生火间，保证舍内卫生。火炕育雏鹅接触的是温暖的炕面，温度均衡，感觉舒适。炕面的温度利用生火的大小和时间的长短来控制。火炕育雏运行成本低，育雏效果好，应推广使用。

2. 网上平养（图 50）

有条件的饲养者，最好进行网上平养育雏，使雏鹅与粪便彻底隔离，减少疾病的发生，同时还可增加饲养密度。网的高度以距地面 60 ～ 70 厘米为宜，便于加料加水。网的材料为铁丝网或竹板条，网眼大小 1.25 厘米 ×1.25 厘米，网眼不能太大，尤其是前 1 周，网眼太大容易绊住鹅腿，导致雏鹅压堆伤亡。

网上平养常用火炉加温，运行成本较低，适合大多数饲养户采用。网上平养主要控制好饲养密度，若密度过大容易引起湿度大，羽毛潮湿，易导致鹅苗啄毛现象。网上育雏可节省垫料，粪便直接落于网下，雏鹅不接触粪便和地面，减少了白痢、球虫及其他疾病的传播机会，降低了发病率，育雏率较高。饲养密度可比地面平养增加 50%～ 70%。

图 50　网上平养育雏

3. 自温育雏（图 51）

此种育雏方式一般农户散养比较常见，在养鹅数量较少时用得比较普遍，不适合小规模以上的养殖场（户）。育雏室中可以不设垫料，而是准备直径在 75 厘米左右竹箩筐（竹篮），箩筐底铺设柔软干燥垫草（如稻草），筐上用小棉罩遮盖，将雏鹅放在箩筐内利用自身产生的热量来保持育雏温度。这种育雏不需加温设备，因此称自温育雏。也可以在地面用 50 厘米高的竹围围成直径 1 米左右的小栏，栏内铺设垫草进行自温育雏，每栏饲养 20 ～ 30 只雏鹅。自温育雏要求舍内温度保持在 15℃以上，如果舍温低于 15℃，可以在雏鹅箩筐或围栏中放置装有热水的保暖塑料袋，用布条或棉纱包裹以防刺穿塑料袋而漏水，此方法可以有效提高育雏温度和育雏效果。

图 51　自温育雏

（二）育雏条件

适宜的育雏条件是保证雏鹅健康成长的前提。育雏条件主要包括温度、湿度、通风、光照和饲养密度等。

1. 温度

温度是育雏鹅的首要条件。温度与雏鹅的体温调节、运动、采食、饮水以及饲料的消化吸收密切相关。雏鹅自身调节体温的能力较差，在饲养过程中必须保证均衡的温度。保温期的长短，因品种、气温、日龄和雏鹅的强弱而异，一般需保温 2 ～ 3 周，北方或冬春季保温期稍长，南方或夏、秋季节可适当缩短保温期。适宜的育雏温度是 1 ～ 5 日龄时为 27 ～ 28℃，6 ～ 10 日龄时为 25 ～ 26℃，11 ～ 15 日龄时为 22 ～ 24℃，16 ～ 20 日龄时为 20 ～ 22℃，20 日龄以后为 15 ～ 18℃。

生产中具体的温度调节应通过不断观察雏鹅的表现来进行。当雏鹅挤到一起（扎堆），绒毛直立，躯体蜷缩，发出“叽叽”叫声，采食量下降，属温度偏低的表现；如果雏鹅表现张口呼吸，远离热源，分散到育雏舍的四周，特别是门、窗附近，饮水增加，说明温度偏高；在正常适宜温度下，雏鹅均匀分布，静卧休息或有规律地采食饮水，食欲旺盛，间隔 10 ～ 15 分运动 1 次，呼吸平和，睡眠安静。育雏室加温的设施主要有火炕加温、火炉加温、育雏伞加温、红外线灯加温，各生产场应根据实际情况选择一种或几种并用。

2. 湿度

鹅属于水禽，但干燥的舍内环境对雏鹅的生长发育和疾病预防至关重要。地面垫料育雏时，一定要做好垫料的管理工作，防止垫料潮湿、发霉。在高温、高湿时，雏鹅体热散发不出去，容易引起“出汗”，食欲减少，抗病力下降，病原微生物大量繁殖；在低温、高湿时雏鹅体热散失加快，容易患感冒等呼吸道疾病和腹泻等消化道炎症。育雏室相对湿度一般要求维持在 60%～ 65%，为了防止湿度过大，饮水器加水不要太满，而且要放置平稳，避免饮水外溢，对潮湿垫料要及时更换。育雏舍窗户不要长时间关闭，要注意通风换气，降低舍内湿度。

3. 通风

雏鹅新陈代谢旺盛，除了要保证饲料和饮水外，还要保证有新鲜空气的供应。同时雏鹅要排出大量的二氧化碳，鹅排泄的粪便、垫料发酵等也会产生大量的氨气和硫化氢气体。因此，必须对雏鹅舍进行通风换气。夏、秋季节，通风换气工作比较容易进行，打开门窗即可完成。冬、春季节，通风换气和室内保温容易发生矛盾。在通风前，首先要使舍内温度升高 2 ～ 3℃，然后逐渐打开门窗或换气扇，避免冷空气直接吹到鹅体。通风时间多安排在中午前后，避开早晚时间。鹅舍中氨气的浓度应控制在 20 毫克 / 千克以下，硫化氢浓度 10 毫克 / 千克以下，二氧化碳浓度控制在 0.5% 以下。

4. 光照

育雏期间，一般要保持较长的光照时间，有利于雏鹅熟悉环境，增加运动，便于雏鹅采食、饮水，以满足生长的营养需求。1 ～ 3 日龄 24 小时光照，4 ～ 15 日龄 18 小时光照，16 日龄后逐渐减为自然光照，但晚上需开灯加喂饲料。光照强度，0 ～ 7 日龄每 15 米 ^{2} 用 1 只 40 瓦灯泡，8 ～ 14 日龄换用 25 瓦灯泡。高度距鹅背部 2 米左右。太阳光能提高鹅的生活力，增进食欲，有利于骨骼的生长发育。5 ～ 10 日龄起可以逐渐增加室外活动时间，增强体质。

5. 饲养密度

一般雏鹅平面饲养时的密度为：1 ～ 2 周龄 15 ～ 20 只 / 米 ^{2}，3 周龄 8 只 / 米 ^{2}，4 周龄 5 只 / 米 ^{2}，随着日龄的增加，密度也逐渐减少。饲养密度过小，不利于保温，同时造成空间浪费；饲养密度过大，生长发育受到影响，表现群体平均体重下降，均匀度下降，出现啄羽、啄趾等恶习。

（三）育雏舍及设备用具的准备

1. 育雏舍的检修

首先根据进雏数量计算出育雏舍的面积，对舍内照明、通风、保温和加温设施进行检修。还要查看门窗、地板、墙壁等是否完好无损，如有破损要及时修补。舍内要灭鼠并堵塞鼠洞。

2. 清扫与消毒

进雏前要对育雏舍彻底清扫和消毒，将打扫干净的育雏舍用高压水冲洗地板、墙壁，晾干后铺上垫料，饲喂饮水器械放入后进行熏蒸消毒（1 米^{3}空间用福尔马林 42 毫升，高锰酸钾 21 克。把高锰酸钾放在瓷盘中，再倒入福尔马林溶液，立即有烟雾产生，密闭门窗，经过 24 ～ 48 小时熏蒸后，打开门窗，彻底通风）。如果是老棚舍，在熏蒸前地面和墙壁先用 5%来苏儿溶液喷洒一遍。

3. 育雏设备、用品准备

育雏保温设备有育雏伞、红外线灯、火炉、火炕、箩筐、竹围栏等，饲喂设备有开食盘、料桶、料盆、水盆等，应根据育雏数量合理配置。育雏用品有饲料（青绿饲料、精饲料）、塑料布、垫料、药品和疫苗等。

4. 预热

消毒好的育雏舍经过 1 ～ 2 天的预热，使室内温度达 30℃，即可进行育雏。火炕育雏生火加温后，应检查炕面是否漏烟，测定炕面温度是否均匀和达到育雏温度。育雏伞下温度的高低是否达到要求。火炉加温后，舍内各点温度是否均衡，避免忽冷忽热。

（四）雏鹅的选择

健壮的雏鹅是保证育雏成活率的前提条件，对留种雏鹅更应该进行严格选择。引进的品种必须优良，并要求雏体健康。健康的雏鹅外观表现绒毛粗长、有光泽、无黏毛；卵黄吸收好，脐部收缩完全，没有脐钉，脐部周围没有血斑、水肿和炎症；手握雏鹅，挣扎有力，腹部柔软有弹性，鸣声大；体重符合品种要求，群体整齐。小鹅瘟是雏鹅阶段危害最严重的传染病，在疫区，种鹅开产前 1 个月要接种小鹅瘟疫苗，以保证雏鹅 1 个月内不发生小鹅瘟。如种鹅没有接种疫苗，雏鹅要注射小鹅瘟高免血清或卵黄。畸形鹅见图 52。

图 52　畸形鹅

（五）雏鹅的运输

雏鹅出壳后最好能在 12 小时内到达目的地。运输雏鹅的工具为纸箱或竹筐。纸箱尺寸为120厘米×60厘米×20厘米（长×宽×高），内分4格，每格装20只雏鹅。纸箱四周应留有通风孔，便于进行通风换气。运雏竹筐直径为100～120厘米，每筐装雏鹅80～100只。运雏过程中应防止震荡，平稳运输，长途运输火车是首选，但不能直接送到鹅场。汽车运输灵活、方便，可直接运送到目的地，但要求司机责任心强，中速行使，避免突然加速或紧急刹车。冬季和早春运输时要注意保温，要有覆盖物，防止雏鹅受寒，并且要随时检查，防止闷死。高温期间运输要防止日晒、雨淋，最好用带顶棚的车辆。运输过程中不需要饲喂，但长途运输尤其是夏季要让鹅饮水，避免发生脱水现象。

雏鹅安置：雏鹅运到育雏室后，按照每个小圈的大小，放置适当数量的雏鹅。注意根据雏鹅的性别、出壳时间的早晚、体重大小等分小圈放置。

（六）潮口与开食

1. 潮口（图53）

雏鹅开食前要先饮水，第一次下水运动与饮水称为潮口。雏鹅出壳后24小时左右，即可潮口。一般在水盆中进行，将30℃左右温开水放入盆中，深度3厘米左右，把雏鹅放入水盆中，把个别雏鹅喙浸入水中，让其喝水，反复几次，全群模仿即可学会饮水。夏季天气晴朗，潮口也可在小溪中进行，把雏鹅放在竹篮内，一起浸入水中，只浸到雏鹅脚，不要浸湿绒毛。雏鹅第一次饮水，掌握在3～5分。在饮水中加入0.05%高锰酸钾，可以起到消毒和预防肠道疾病的作用，一般用2～3天即可。长途运输后的雏鹅，为了迅速恢复体力，提高成活率，可以在饮水中加入5%葡萄糖，还可按比例加入速溶多维和口服补液盐。

图53　潮口

2. 开食

雏鹅开食时间一般在出壳后 24 ～ 30 小时为宜，保证雏鹅初次采食有旺盛的食欲。开食料一般用黏性较小的籼米，把米煮成外熟里生的“夹生饭”，用清水淋过，使饭粒松散，吃时不粘嘴。最好掺一些切成细丝状的青菜叶，如莴笋、油菜叶等。开食不要用料槽或料盘，直接撒在塑料布或席子上，便于全群同时采食到饲料。第一次喂食不要求雏鹅吃饱，吃到半饱即可，时间为 5 ～ 7 分。过 2 ～ 3 小时后，再用同样的方法调教采食，等所有雏鹅学会采食后，改用食槽、料盘喂料。一般从 3 日龄开始，用全价饲料饲喂，并加喂青饲料。为便于采食，精饲料可适当加水拌湿。

（七）雏鹅的饲喂与管理

雏鹅的管理要做好以下几方面的工作：

1. 合理饲喂，保证营养

雏鹅阶段消化器官的功能没有发育完全，因此要饲喂营养丰富、易于消化的全价配合饲料，另需优质的青绿饲料（图 54），不要只喂单一原料的饲料和营养不全的饲料。饲喂时要先精后青，少食多餐。2 ～ 3 日龄雏鹅，每天喂 6 次，日粮中精饲料占 50%；4 ～ 10 日龄时，消化力和采食力增加，每天饲喂 8 ～ 9 次，日粮中精饲料占 30%；11 ～ 20 日龄，以食青料为主，开始放牧，每天饲喂 5 ～ 6 次，日粮中精饲料占 10%～ 20%；21 ～ 28 日龄，放牧时间延长，每天喂 3 ～ 4 次，精饲料占日粮 7%～ 8%，逐渐过渡到早、晚各补 1 次。雏鹅精饲料中粗蛋白质控制在 20%左右，代谢能为 11.7 兆焦 / 千克，钙含量为 1.2%，磷含量为 0.7%。另外，注意添加食盐、微量元素和维生素添加剂。

图 54　雏鹅喂青绿饲料

2. 及时分群、合理调整饲养密度

雏鹅刚开始饲养，饲养密度较大，1 米 ^{2} 饲养 30 ～ 40 只，而且群体也较大，300 ～ 400 只 / 群。随着雏鹅不断长大，要进行及时合理的分群，减少群体数量，降低饲养密度，这是保证雏鹅健康生长、维持高的育雏成活率、提高均匀度的重要措施。

分群时按个体大小、体质强弱来进行，这样便于对个体较小、体质较弱的雏鹅加强饲养管理，使育雏结束时雏鹅的体重能达到平均水平。第一次分群在10日龄时进行，每群数量150～180只；第二次分群在20日龄时进行，每群数量80～100只；育雏结束时，按公母不同性别分栏饲养。在日常管理中，发现残、瘫、过小、瘦弱、食欲不振、行动迟缓者，应早做隔离饲养、治疗或淘汰处理。

3. 适时放牧（图55）

放牧能使雏鹅提早适应外界环境，促进新陈代谢，增强抗病力，提高经济效益。一般放牧日龄应根据季节、气候特点而定。夏季，出壳后5～6天即可放牧；冬、春季节，要推迟到15～20天后放牧。刚开始放牧应选择无风晴天的中午，把鹅赶到棚舍附近的草地上放牧20～30分。以后放牧时间由短到长，牧地由近到远。每天上、下午各放牧1次，中午赶回舍中休息。上午出放要等到露水干后进行，以上午8～10点为好；下午要避开烈日暴晒，在下午3～5点进行。雏鹅抵抗力相对弱，放牧应避开寒冷大风天和阴雨天。雏鹅饲养到4周龄羽毛长出后才可下水活动，应选择晴天，将鹅群赶到水边戏水，逐渐适应水中生活。

图55　雏鹅放牧

4. 做好疫病预防工作

雏鹅时期是鹅最容易患病的阶段，只有做好综合预防工作，才能保证高的成活率。

（1）隔离饲养　雏鹅应隔离饲养，不能与成年鹅和外来人员接触，育雏舍门口设消毒间和消毒池。定期对雏鹅、鹅舍及用具用百毒杀等药物进行喷雾消毒。

(2)接种疫苗　小鹅瘟是雏鹅阶段危害最严重的传染病，常常造成雏鹅的大批死亡。购进的雏鹅，首先要确定种鹅是否用过小鹅瘟疫苗免疫。种鹅在开产前 1 个月接种，可保证半年内所产种蛋含有母源抗体，孵出的小鹅不会得小鹅瘟。如果种鹅未接种，雏鹅可在 3 日龄皮下注射 10 倍稀释的小鹅瘟疫苗 0.2 毫升，1 ～ 2 周后再接种 1 次；也可不接种疫苗，对刚出壳的雏鹅注射高免血清0.5毫升或高免蛋黄1毫升。还要注意预防鹅副黏病毒病、鹅新型病毒性肠炎。

(3)饲料中添加药物防病　①土霉素片(每片 50 万单位)拌料，每片拌 500 克，可预防雏鹅腹泻。②饲料中添加0.05%磺胺喹啉，预防禽出血性败血症发生。③发现少数雏鹅腹泻，使用硫酸庆大霉素片剂或针剂，口服 1 万～ 2 万国际单位 / 只，每天 2 次。④雏鹅感冒，用青霉素 3 万～ 5 万国际单位肌内注射，每天 2 次，连用 2 ～ 3 天，同时口服磺胺嘧啶，首次 1/2 片(0.25 克)，以后每隔 8 小时服 1/4 片，连用 2 ～ 4 天。

(4)防御敌害　育雏初期，雏鹅无防御和逃避敌害的能力。鼠害是雏鹅最危险的敌害，因此对育雏室的墙角、门窗要仔细检查，堵塞鼠洞。农村还要防御黄鼠狼、猫、狗、蛇等，夜间应加倍警惕，并采取有效的防卫措施。

Ⅱ 育成鹅及肉仔鹅安全生产管理技术

一、育成鹅的生理特点

1. 体温调节功能逐渐完善

雏鹅生后期 28 ～ 56 日龄，雏羽开始在鹅全身密集地生长发育，至生后期 50 日龄，鹅全身将覆盖雏羽，但是这些雏羽并没有完全成熟。到 60 日龄时，鹅腹部羽毛就已经成熟，到了 77 日龄，鹅背中部的羽毛也最终成熟，这时鹅全身羽毛完全成熟。随着羽毛的生长和脱换，同时神经系统发育和功能的完善，鹅自身体温调节能力逐渐增强。

2. 生长速度快

青年鹅生长迅速，新陈代谢旺盛。中型鹅种如四川白鹅在放牧饲养条件下，

6 周龄体重是初生体重的 20 倍，到 8 周龄时是初生体重的 32 倍。大型鹅种具有更快的生长速度。

3. 采食量大，消化吸收能力差

青年鹅活动量大，食欲旺盛。消化道发育逐渐完善，肌胃的机械消化能力比较强，小肠对非粗纤维成分的化学性消化及盲肠对粗纤维的微生物消化功能逐渐提高。

4. 抗病能力逐渐提高

青年鹅活动量大，体质健壮，羽毛逐渐发育完善，对外界的不良环境条件刺激适应能力加强。

5. 体格发育快

青年鹅阶段是骨骼、肌肉发育最快的时期，因此可根据鹅的用途采取合理的饲养管理，以提高养鹅的综合经济效益。

二、育成鹅标准化管理技术

（一）30～70日龄鹅的饲养管理

这一阶段的鹅又称为中雏鹅或青年鹅。中雏鹅在生理上有了明显的变化，消化道的容积明显增大，消化能力逐渐增强，对外界环境的适应性和抵抗力大大加强。这一阶段是骨骼、肌肉、羽毛生长最快的时期。饲养管理上要充分利用放牧条件，节约精饲料，锻炼其消化青绿饲料和粗纤维的能力，提高适应外界环境的能力，满足快速生长的营养需要。

1. 饲养方式

（1）放牧饲养　中雏鹅以放牧为主要的饲养方式，有草地条件的地方应积极推行放牧饲养。在广大农区草地资源有限的情况下，可采用放牧与舍饲相结合的饲养方式。

（2）关棚饲养　主要用于大规模、集约化饲养，喂给全价配合饲料，饲养成本较高，但是便于管理，可以发挥规模效益。在饲养冬鹅时，由于气候原因，也可采用关棚饲养。

2. 放牧管理

在夏季牧鹅，应适时放水，一般每隔 30 分放水 1 次。夏季中午应在干燥通风阴凉处休息（图 56），可选择在大树下或有遮阴棚的地方。

图 56　林下放牧

（二）71～100日龄鹅的饲养管理

这一时期是鹅群的调整阶段。首先对留种用鹅进行严格的选择，然后调教合群，减少“欺生”现象，保证生长的均匀度。

1. 种鹅的选留

选好后备种鹅，是提高种鹅质量的重要步骤。种鹅在 71 日龄时，已完成初次换羽，羽毛生长已丰满，主翼羽在背部要交翅，留种时一要淘汰那些羽毛发育不良的个体。后备种公鹅应具有本品种的典型特征，身体各部发育均匀，肥度适中，两眼有神，喙部无畸形，胸深而宽，背宽而长，腹部平整，脚粗壮有力、距离宽，行动灵活，叫声响亮。后备种母鹅要求体重大，头大小适中，眼睛明亮有神，颈细长灵活，体长圆，后躯宽深，腹部柔软容积大，臀部宽广。体重上要求达到成年标准体重的 70%，大型品种 5 ～ 6 千克，中型品种 3 ～ 4 千克，小型品种 2.5 千克左右。留种还要考虑到留种季节，一般南方养鹅在 12 月至翌年 1 月选留，到 9 月正好赶上产蛋；东北地区养鹅，最好选留 9 ～ 10 月的中鹅，第二年 5 ～ 6 月刚好产蛋；河南省地处中原，适宜选留春季出雏的春鹅，5 ～ 6 月进行选择，冬季即可开始产蛋。

2. 合群训练

后备种鹅是从鹅群挑选出来的优良个体，有的甚至是从上市的肉用仔鹅当中选留下来的。这样来自不同鹅群的个体，由于彼此不熟悉，常常不合群。在合群时一要注意群体不要太大，以 30 ～ 50 只为一群，而后逐渐扩大群体，300 ～ 500 只组成一个放牧群体。要注意同一群体中个体间日龄、体重差异不能太大，尽量做到“大合大，小并小”，以提高群体均匀度。合群后饲喂要保证食槽充足，补饲时均匀采食。

（三）101日龄至开产前30天之前鹅的饲养管理

后备母鹅 100 日龄以后逐步改用粗料，每天喂 2 次，饲粮中增加糠麸、薯类的比例，减少玉米的喂量。草地良好时可以不补饲，防止母鹅过肥和早熟。但是在严寒冬季青绿饲料缺乏时，则要增加饲喂次数（3 ～ 4 次），同时增加玉米的喂量。正常放牧情况下，补饲要定时、定料、定量。实行限制饲养，不仅可以很好地控制鹅的性成熟，达到母鹅同期产蛋，公鹅可以充分成熟，而且可以节约饲粮，降低饲养成本。

后备种鹅一般从 110 日龄开始至开产前 50 ～ 60 天实行限制饲养。常用的限制饲养方法一般有两种，一种是减少补饲日粮的饲喂量，实行定量饲喂；另一种是控制饲料的质量，降低日粮的营养水平。南方由于水草条件比较好，养鹅多以放牧为主，因此大多数采用定量饲喂的方法，但要根据放牧条件、季节以及鹅的体质，灵活掌握饲料配比和喂料量，达到既能维持鹅的正常体质，又能降低种鹅的饲养费用，北方天然水草条件差，大部分圈养，适合采用控制饲料质量方法。在限饲期应逐步降低饲料的营养水平，每日的喂料次数由 3 次改为 2 次，最后变为 1 次，晚上回鹅舍之前，让鹅尽量吃饱。白天尽量延长放牧（青料采食）时间，逐步减少每次给料的喂料量。控制饲养阶段，母鹅的日平均饲料量比生长阶段减少 50%～ 60%。饲料中可添加较多的填充粗料（如草粉、米糠等），以锻炼鹅的消化能力，扩大食管容量。后备种鹅经控料阶段前期的饲养锻炼，放牧采食青草的能力增强，在草质良好的牧地，可不喂或少喂精饲料。

（四）开始产蛋前1个月鹅的饲养管理

这一阶段历时 1 个月左右，饲养管理的重点是加强饲喂和疫苗接种。

1. 加强饲喂

为了让鹅恢复体力，沉积体脂，为产蛋做好准备，从 151 日龄开始，要逐步放食，满足采食需要。同时，饲料要由粗变精，促进生殖器官的发育。这时要增加饲喂次数到每天 3 ～ 4 次，每次让其自由采食，吃饱为止。饲料中增加玉米等谷实类饲料，同时增加矿物质饲料原料。这一阶段放牧不要走远路，牧草不足时要在栏内补充青绿饲料，逐渐减少放牧时间，增加回舍休息时间，相应增加补饲数量（中型鹅种每天每只补饲 50 ～ 70 克），接近开产时逐渐增加采食精饲料量。

2. 疫苗接种

种鹅开产前 1 个月要接种小鹅瘟疫苗，所产的种蛋含有母源抗体，可使雏鹅产生被动免疫。另外，还要接种鸭瘟疫苗和禽霍乱菌苗。所有的疫苗接种工作都要在产蛋前完成，这样才能保证鹅在整个产蛋期健康、高产。禁止在产蛋期接种疫苗，防止应激反应的发生，以免引起产蛋数下降。

三、肉仔鹅标准化管理技术

（一）仔鹅生长发育规律

1. 仔鹅的增重规律

鹅具有早期生长快的特点，一般在 10 周龄时仔鹅体重达到成年体重的 70%～80%，虽因品种不同而有所差异，但各品种鹅的增重规律是一致的。以豁眼鹅为例，可以将其生长阶段分为 4 个时期，即快速生长期（0～10 日龄）、剧烈增重期（10～40 日龄）、持续增重期（40～90 日龄）和缓慢生长期（90～180 日龄）。

2. 骨骼生长发育规律

体斜长的变化，可以间接反映出部分躯干骨的生长情况。据测定，四川白鹅 30 日龄体斜长为 13.27 厘米，60 日龄为 21.77 厘米，90 日龄为 25.61 厘米。体斜长生长最快的在 30～60 日龄，此阶段是骨骼发育最快的时期。

3. 腿肌的生长发育规律

据测定，太湖鹅初生时腿肌重 5.8 克左右，10 日龄时平均为 12.5 克，20 日龄时平均为 38.2 克，30 日龄时平均为 82.5 克，以后腿肌生长加快，6 周龄时为 173 克，8 周龄时为 240 克。腿肌的生长高峰在 50 日龄左右，不同品种间有一定差异，生长慢的品种高峰期晚一些，生长快的品种高峰期出现得早。另据测定，国外鹅种腿部重，公鹅在 43 日龄时达最佳水平，为 129.8 克；母鹅在 39 日龄达最佳水平，为 104 克。

4. 胸肌的生长发育规律

据测定，太湖鹅初生时胸肌不足 1 克，10 日龄时为 1.2 克，20 日龄为 3.5 克，30 日龄为 7 克，6 周龄时为 18 克，从 8 周龄开始胸肌生长加快，9～10 周龄是生长高峰期，10 周龄时太湖鹅胸肌重约 146 克。

5. 脂肪的沉积规律

胴体中脂肪的含量随日龄的增长而明显增加。太湖鹅从 4 周龄开始腹内脂肪沉积加快。一般鹅在 10 周龄以后脂肪沉积能力最强，皮下脂肪、肌间脂肪可以增加到体重的 25%～30%，腹脂增加到 10%左右。一般在 70 日龄屠宰时，皮下脂肪占 2%～4%，腹脂占 1.5%～3%，因品种和育肥方式不同而异。

（二）肉用仔鹅生产的特点

1. 季节性

肉用仔鹅生产的季节性是由种鹅繁殖产蛋的季节性所决定的。我国的地方鹅种众多，其中除了浙东白鹅、溆浦鹅、雁鹅可以四季产蛋、常年繁殖外，其他鹅品种都有一定的产蛋季节。南方和中部地区主要繁殖季节为冬、春季，5 月开始肉仔鹅陆续上市，8 月底基本结束。而在东北地区，种鹅要等到 5 月才开始产蛋，8 月开始肉仔鹅上市，一直可持续到年底结束，而这时南方食鹅地区当地已没有仔鹅，所以每年秋、冬季都有大量仔鹅从东北贩运到南方。目前鹅的饲养仍以开放式饲养为主，受自然光照和气候影响较大，这种产品的季节性不会改变。

2. 效益显著

鹅属草食性禽类，以放牧为主，养鹅的基本建设与设备投资少。除了育雏期间需要一定的保温房舍与供暖设备外，其余时间用能遮挡风雨的简易棚舍即可进行生产。另外，无论以舍饲、圈养还是放牧饲养，仔鹅可以很好地利用青绿饲料和粗饲料，适当补饲精饲料即可长成上市，饲料费用投入少。而且鹅肉的价格比肉仔鸡、肉鸭都高，属投入少、产出高的高效益畜牧业。另外，除了鹅肉，羽绒也是一笔不小的收入，目前 1 只仔鹅屠宰时，光羽绒就可获利 10 元左右。

3. 生产周期短

鹅的早期生长速度比鸡、鸭都快，一般饲养 60 ～ 80 天即可上市，小型鹅种达 2.3 ～ 2.5 千克，中型鹅种达 3.5 ～ 3.8 千克，大型鹅种达 5.0 ～ 6.0 千克。青饲料充足时圈养或放牧，精饲料与活重比为（1 ～ 1.7）：1，舍饲以精饲料为主，适当补喂青饲料，精饲料与活重比为（2 ～ 2.5）：1。

4. 仔鹅属无污染绿色食品

我国具有丰富的草地资源，仔鹅以放牧饲养为主，适当补饲谷实类精饲料，生长迅速。仔鹅放牧所利用的草滩、草场、荒坡、林地、滩涂等一般没有农药、化肥等污染，精饲料中不加促生长的药物，鹅肉是目前较安全的无污染食品，将受到越来越多消费者的喜爱。

（三）中鹅的饲养

1. 放牧技术

(1)放牧时间　在放牧初期要适当控制放牧时间，一般上午、下午各 1 次，中午赶鹅回舍休息 2 小时。天热时上午要早出早归，下午要晚出晚归，中午在凉棚或树荫下休息；天冷时则上午晚出晚归，下午早出早归。随着日龄的增长，慢慢延长放牧时间，中间不回鹅棚，就地在阴凉处休息、饮水。鹅的采食高峰在早晨和傍晚，因此放牧要尽量做到早出晚归，即所谓“早上踏露水，晚上顶星星”，同时把青草茂盛的地方安排在早晚采食高峰时放牧，使鹅群能尽量多采食青草。

(2)适时放水　鹅群在吃至八成饱时，大多数要蹲下休息，应及时赶到水池，让其自由饮水、洗澡、排便和整理羽毛，约半小时。经放水后鹅的食欲大增，又会大量采食青草。一天中至少要放 3 次水，热天时更要注意放水。

(3)放牧场地选择　优良放牧场地应具备 4 个条件：一要有鹅喜食的优良牧草；二要有清洁的水源；三要有树荫或其他荫蔽物，可供鹅群遮阳或避雨；四是道路比较平坦。放牧场应划分若干小区，有计划地轮牧，以保证每天都有牧草采食。此外，农作物收割后的茬地也是极好的放牧场地。

(4)鹅喜食的草类　可供牧鹅的草类很多，一般只要是无毒、无特殊气味的都可供鹅采食，但鹅对某些草类特别喜食。

(5)放牧群的大小　放牧群的大小要根据放牧的情况及放牧人员的经验丰富程度而定，一般以 250 ～ 300 只为一个放牧群为宜，由两人负责放牧。如果放牧地开阔平坦，对整个鹅群可以一目了然，则每群可以增加到 500 只，甚至可高达 1 000 只，放牧人员则适当增加 1 ～ 2 人。如果鹅群过大，不易管理，特别是在林下或青草茂密的地方，可能小群体走散，少则十来只，多则上百只，同时鹅群过大，个体小、体质弱的鹅吃不饱或吃不到好草，导致大小不一，强弱不均。

(6)放鹅注意事项

1)防中暑雨淋　热天放牧应早晚多放，中午在树荫下休息，或者赶回鹅棚，不可在烈日暴晒下长久放牧，同时要多放水，防止中暑。雷雨、大雨时不能放鹅(毛毛细雨时可放牧)。放牧地离鹅舍要近，在雨下大时可以及时赶回。

2）防止惊群　鹅对外界比较敏感，放牧时将竹竿举起或者雨天打伞（可以穿雨衣），都易使鹅群不敢接近，甚至骚动逃离。不要让狗及其他兽类突然接近鹅群，以防惊吓。鹅群经过公路时，要注意防止汽车高音喇叭的干扰而引起惊群。

3）防跑伤　放牧需要逐步锻炼，距离由近渐远，慢慢增加，将鹅群赶往放牧地时，速度要慢，切不可强驱蛮赶，以致聚集成堆，前后践踏受伤，特别是吃饱时更要赶得慢些。每天放牧的距离大致相等，以免累伤鹅群。尽量选平坦的路线赶。在下水、出水时，坡度大，雨道窄，或有乱石树桩，如赶得过快，鹅群争先恐后，飞跃冲撞，很易受伤。

4）防中毒　对于施过农药的地方，管理人员应详细了解，不能作为放牧地，以免造成不必要的损失。施过农药后至少要经过一次大雨淋透，并经过一定时间后才能安全放牧。对于放牧不慎已造成农药中毒时，要及时问清农药名称，采取相应的解毒措施。

2. 合理补饲

中鹅以放牧为主，如果放牧场地条件好，有丰富的牧草或落地谷实可吃，可以不用补饲，进行完全放牧饲养，以节约开支。但在刚结束育雏期进入中鹅期的鹅群，对长时间放牧和完全依靠青饲料还很不适应，晚上牧归后还需适当地补饲精饲料，当然补饲的次数和数量可以逐步减少。如果牧地草源质量差，数量少，则需要补饲青刈草和配合全价料。

（四）育肥鹅的饲养

1. 放牧育肥法

放牧育肥法是最经济的一种育肥方法，在我国农村采用较为广泛。主要利用收割后茬地残留的麦粒和残稻株落谷进行育肥。放牧育肥必须充分掌握当地农作物的收获季节，与有关单位事先联系好放牧的茬地，预先育雏，制订好放牧育肥的计划。比如从早熟的大麦、元麦茬田到小麦茬田，随着各区收割的早晚一路放牧过去，到小麦茬田放牧结束时，鹅群也已育肥，即可尽快出售。因茬地放牧一结束，就必须用大量精饲料才能保持肥度，否则鹅群就会掉膘。稻田放牧也如此进行。

2. 舍饲育肥法

舍饲育肥法比较适合于食品收购部门、专业户和贩销者进行短期育肥。在光线较暗的育肥舍内进行，限制鹅的运动，喂给含有丰富碳水化合物的谷实或块根饲料，每天喂 3 ～ 4 次，使体内脂肪迅速沉积，同时供给充足的饮水，增进食欲，帮助消化，经半月左右即可宰杀。

Ⅲ 种鹅安全生产管理技术

一、繁殖期种鹅标准化管理技术

（一）产蛋前的准备工作

在后备种鹅转入产蛋期时，要再次进行严格挑选。对公鹅选择较严格，除外貌符合品种要求、生长发育良好、无畸形外，重点检查其阴茎发育是否正常。最好通过人工采精的办法来鉴定公鹅的优劣，选留能够顺利采出精液者、阴茎较大者。母鹅只剔除少量瘦弱、有缺陷者，大多数都要留下作种用。另外，还要修建好产蛋鹅舍，准备好产蛋窝或产蛋棚。饲养管理上逐渐减少放牧的时间，更换产蛋期全价饲料。母鹅在开产前 10 天左右会主动觅食含钙多的物质，因此除在日粮中提高钙的含量外，还应在运动场或放牧点放置补饲粗颗粒贝壳的专用食槽，让其自由采食。

（二）产蛋期的饲喂

随着鹅群产蛋率的上升，要适时调整日粮的营养浓度。

1. 产蛋期日粮营养水平

代谢能 11.1 兆焦 / 千克，粗蛋白质 15%，钙 2.2%，磷 0.7%，赖氨酸 0.69%，蛋氨酸 0.32%。饲料配合时，要有 10%～ 20%的米糠、稻糠、麦麸等粗纤维含量高的原料。在喂精饲料的同时，还应注意补喂青绿饲料，防止种鹅采食过量精饲料，引起过肥。喂得过肥的鹅，卵巢和输卵管周围沉积了大量脂肪，会影响正常排卵和蛋壳的形成，引起产蛋数下降和蛋壳品质不良。有经验的养鹅者通过鹅排出的粪便即可判断饲喂是否合理。正常情况下，鹅粪便粗大、松软，呈条状，表面有光泽，易散开。如果鹅粪细小、结实，颜色发黑，表明精饲料过多，要增加青绿饲料的饲喂。

2. 喂料要定时定量，先喂精饲料再喂青料

青料可不定量，让其自由采食。每天饲喂精饲料量，按照当日平均产蛋重量的 2.5 ～ 3 倍提供。早上 9 点喂第一次，然后在附近水塘、小河边休息，草地上放牧；下午 2 点喂第二次，然后放牧；傍晚回舍在运动场上喂第三次。回舍后在舍内放置清洁饮水和矿物质饲料，让其自由采食饮用。

（三）产蛋期的管理

产蛋期要做好以下几方面的工作：

1. 搭好产蛋棚

母鹅具有在固定位置产蛋的习惯，生产中为了便于种蛋的收集，要在鹅棚附近搭建一些产蛋棚。产蛋棚长 3.0 米，宽 1.0 米，高 1.2 米，每 1 000 只母鹅需搭建 3 个产蛋棚。产蛋棚内地面铺设软草做成产蛋窝（图 57），尽量创造舒适的产蛋环境。母鹅的产蛋时间多集中在凌晨至上午 9 点以前，因此每天上午放牧要等到 9 点以后进行。为了便于捡蛋，必须训练母鹅在固定的鹅舍或产蛋棚中产蛋，特别对刚开产的母鹅，更要多观察训练。放牧时如发现有不愿跟群、大声高叫、行动不安的母鹅，应及时赶回鹅棚产蛋。一般经过一段时间的训练，绝大多数母鹅都会在固定位置（产蛋棚）产蛋。母鹅在棚内产完蛋后，应有一定的休息时间，不要马上赶出产蛋棚，最好在棚内给予补饲。

图 57　产蛋窝

2. 合理控制交配

为了保证种蛋有高的受精率，要按不同品种的要求，合理安排公母鹅比例。我国小型鹅种公、母比例为 1 ∶（6 ～ 7），中型鹅种公、母比例为 1 ∶（5 ～ 6），大型鹅种公、母比例为 1 ∶（4 ～ 5）。鹅的自然交配在水面上完成，陆地上交配很难成功。一般要求每 100 只种鹅有 45 ～ 60 米 ^{2} 的水面，水深 1 米左右，水质清洁无污染。种鹅在早晨和傍晚性欲旺盛，要利用好这两个时期，保证高的受精率。早上放水要等大多数鹅产蛋结束后进行，晚上放水前要有一定的休息时间。

3. 搞好放牧管理

母鹅产蛋期间应就近放牧，避免走远路引起鹅群疲劳。一般春季放牧觅食各种青草、水草，夏、秋季节多在麦茬田、稻田中放牧，冬季放湖滩或圈养。放牧途中，应尽量缓行，不能追赶鹅群，而且鹅群要适当集中，不能过于分散。放牧过程中，特别应注意防止母鹅跌伤、挫伤而影响产蛋。鹅上下水时，鹅棚出入口处要求用竹竿稍加阻拦，避免离棚、下水时互相挤跌践踏，保证按顺序下水和出棚。每只母鹅产蛋期间每天要获得 1 ～ 1.5 千克青饲料，草地牧草不足时，应注意补饲。

4. 控制光照

许多研究表明，鹅每天需要 13 ～ 14 小时光照时间、5 ～ 8 瓦 / 米 ^{2} 的光照强度即可维持正常的产蛋需要。在秋、冬季光照时间不够时，可通过人工补充光照来完成光照控制。在自然光照条件下，母鹅每年（产蛋年）只有 1 个产蛋周期，采用人工光照后，可使母鹅每年有 2 个产蛋周期，可多产蛋 5 ～ 20 枚。

5. 注意保温

我国南方和中部省份，严寒的冬季正赶上母鹅临产或开产的季节，要注意鹅舍的保温。夜晚关闭鹅舍所有门窗，门上要挂棉门帘，北面的窗户要在冬季封死。为了提高舍内地面的温度，舍内不仅要多加垫草，还要防止垫草潮湿。天气晴朗时，注意打开门窗通风，同时降低舍内湿度。受寒流侵袭时，要停止放牧，多喂精饲料。

（四）种鹅群的配种管理

1. 种公鹅的管理

（1）公鹅选择　公鹅对后代体形外貌和生产性能的影响比较大，也直接影响种蛋受精率，因此在种鹅选择时对公鹅的选择尤其重要。主要对公鹅的体形外貌和生殖器官进行检查。首先对体形外貌进行选择，后备公鹅在接近性成熟的时候应该进行一次选择，把发育不良、品种特征不明显、有杂毛、健康状况不良的个体淘汰。在达到性成熟后再次进行选择，应选留体大毛纯，胸宽厚，颈、脚粗长，两眼突出有神，叫声洪亮，行动灵活，具有明显雄性特征的公鹅；手执公鹅颈部提起离开地面时，两脚做游泳状猛烈划动，同时两翅频频拍打的个体往往是比较健康的。淘汰不合格的种鹅，如体重过大、发育差、跛足等。其次对生殖器官进行检查，在种鹅产蛋前，公母鹅组群时要对公鹅的外生殖器官进行检查，并对公鹅进行精液品质鉴定。因为，某些品种的公鹅生殖器官发育不良的情况较为突出。比如生殖器萎缩，阴茎短小，甚至出现阳痿，精液品质差，交配困难等现象。有人研究，通过对354只公鹅的测定，雄性不育率达到34.74%；而苏联测定的结果雄性不育的鹅占39.1%；江苏家禽研究所测定的结果是交配器官有病或发育差的公鹅占2/3。王安琪等对106只固始鹅公鹅的检查结果发现，不合格的种公鹅所占比例达43.4%。解决的办法是在公母鹅组群时，对选留公鹅进行精液品质鉴定，并检查公鹅的阴茎，淘汰有缺陷的公鹅，保证留种公鹅的质量。

检查公鹅阴茎发育情况的方法是：一个操作人员坐在方凳上将公鹅保定在并拢的双腿上，鹅尾部朝前；另一个操作者用采精的方法先对鹅的背腰部按摩数次，之后按摩鹅的泄殖腔周围，当鹅的阴茎勃起后伸出泄殖腔就可以观察。凡是阴茎长度小于7厘米、淋巴体颜色苍白或有色素斑，阴茎伸出后没有精液流出或精液量少于0.2毫升、颜色不是乳白色的个体均应淘汰。

(2)公母混群　后备种鹅一般采用公母分群饲养的方法，当鹅群达到性成熟的时候需要进行混群。混群时一般要求将公鹅提前7～10天放入种鹅圈内，使它们先熟悉鹅舍环境，之后再按照公母配比放入母鹅。这样能够使公鹅占据主动地位，提高与母鹅交配的频率和成功率。

(3)减少择偶现象　一些公鹅具有选择性的配种习性，这种习性将减少它与其他母鹅配种的机会，某些鹅的择偶性还比较强，从而影响种蛋的受精率。在这种情况下，公母鹅的组配要尽早，如发现某只公鹅只与某只母鹅或几只母鹅固定配种时，应及时将这只公鹅隔离，经1个月左右，才能使公鹅忘记与之固定配种的母鹅，而与其他母鹅交配，有利于提高受精率。据报道，由于择偶行为的存在会导致部分母鹅没有配种机会。

(4)公鹅更新　公鹅的利用年限，一般为2～3年，母鹅一般利用3～4年，优秀的可利用5年，所以种鹅每年都应有计划地更新换代，以提高其受精率。母鹅年龄会影响其种蛋受精率，据报道，鹅群在水中进行自然交配，1岁母鹅种蛋受精率69%，受精蛋孵化率87%，2岁母鹅则分别为79.2%和90%。同样，公鹅年龄也影响种蛋受精率，据对第二个产蛋年种母鹅群的观察，用第一个繁殖年度的公鹅配种，种蛋受精率为71.3%，用第二个繁殖年度公鹅则达到80.7%，用第三个繁殖年度的公鹅则为68.3%。

(5)减少公鹅之间的啄斗　公鹅相互啄斗影响配种，在繁殖季节公鹅有格斗争雄的行为，往往为争先配种而啄斗致伤，这会严重影响种蛋的受精率。为了减少这种情况，公鹅可分批放出配种，以提高种蛋受精率。多余公鹅另外饲养或放牧。

2. 公、母配种比例

公、母配种比例适当与否对种蛋的受精率影响很大。在生产实践中，一般先按1：(6～7)选留，待开产后根据母鹅性能、种蛋受精率的高低进行调整，一般公、母配比以1：5为宜，可使种鹅受精达85%以上。公鹅多，不仅浪费饲料，还会互相争斗、争配，影响受精率；公鹅过少，也会影响受精效果。

但是，由于体重、体形、选育情况等方面的差异，不同的鹅种其公、母配比要求也存在差异。乌鬃鹅的交配能力强，公、母鹅配种比例为1：(8～10)，种蛋的平均受精率为87%。而狮头鹅由于体型大，其公、母鹅配种比例为1：(5～6)。尽管昌图豁眼鹅属于小型鹅种，但是其公、母鹅配种比例为1：(4～5)。

在生产实践中，公、母鹅比例的大小要根据种蛋受精率的高低进行调整。小型品种鹅的公、母比例为1：(6～7)，而大型品种鹅为1：(4～5)。大型公鹅要少配，小型公鹅可多配；青年公鹅和老年公鹅要少配，体质强壮的公鹅可多配；水源条件好，春夏季节可以多配；水源条件差，秋冬季节可以少配。

3. 洗浴管理

(1)放水时间　种鹅的配种时间相对比较集中，早晨和傍晚是交配的高峰期，而且多在水中进行，与在陆地相比鹅水中交配容易成功(图58)。在种鹅的繁殖季节，要充分利用早晨开棚放水和傍晚收牧放水的有利时机，使母鹅获得配种机会，提高种蛋的受精率。在配种期间每天上午应多次让鹅下水，尽量使母鹅获得复配机会。鹅群嬉水时，不让其过度集中与分散，任其自由分配，然后梳理羽毛休息。

图58　水体交配

(2)水体管理　鹅的交配多在水面上进行，水体的大小影响鹅群的活动，一般每只种鹅应有 1 ～ 1.5 米^{2}的水面运动场，水深 1 米左右(图 59)。若水面太宽，则鹅群较分散，配种机会减少；水面太窄，过于集中，则会出现争配现象，也会影响受精率。如果是圈养种鹅，水池小的话则应该分批让种鹅进入水池，保证洗浴和配种时每只种鹅的活动面积。

放水的水源要清洁，最好是活水面，缓慢流动，水面没有工业废水、废油的污染，水中不可有杂物、杂草秆等物，以免损伤公鹅的阴茎，影响其种用价值。

图 59　洗浴池

4. 环境管理

(1)缓解高温的影响　高温对鹅繁殖力的影响很大，一般的鹅在夏季都停产。在初夏时期的高温对公鹅的精液质量影响也很大，而且也减少公鹅的配种次数，因此在初夏季节鹅舍要保持良好的通风，保证充足的饮水，保持适宜的饲养密度，鹅舍和运动场应有树荫或搭盖遮阴棚。

(2)合理的光照　光照影响种鹅体内生殖激素的分泌，进而影响到其繁殖。在我国，南北方鹅之间存在明显的繁殖季节性差异。据于建玲等报道，南方鹅种大多数为短日照繁殖家禽，例如在广东鹅的非繁殖季节内(3 ～ 7 月)，每天光照 9.5 小时，4 周后公鹅的阴茎状态、性反射、精液品质、可采率等均明显优于自然光照的对照组；母鹅则在控制光照 3 周后开产，并能在整个非繁殖季节内正常产蛋。控制光照组平均每只母鹅产蛋 12.85 枚。当恢复自然光照后，试验组鹅每天光照时数由短变长，约 7 周后，公鹅阴茎萎缩，可采精率下降直至为零，约 2 个月后又逐渐好转；母鹅在恢复自然光照约 3 周后也停止产蛋，再经 11 周的停产期后才又重新开产，而对照组此时也正常繁殖。北方鹅种则是长光照家禽，当光照时间延长时进入繁殖季节。因此，在种公鹅的管理上应该考虑到不同地区的差异。

5. 饲料与饲养

后备公鹅一般采用青粗饲料饲喂，在性成熟前 4 周开始改用种鹅日粮，粗蛋白质水平为 15% ～ 16%。根据鹅体大小，在整个繁殖期间每天每只应喂给 140 ～ 230 克精饲料，并配以食盐和贝壳粉等。每天饲喂 2 ～ 3 次，同时供应足够的青饲料及饮水。有条件的地方也可放牧，特别是 2 岁的种鹅应多放牧，以补充青饲料和增加运动。

6. 日常管理

（1）公、母鹅日合夜分　白天让公、母鹅在同一个圈内饲养或放牧，共同嬉水、交配；晚上把它们隔开关养，让它们同屋不同圈，虽彼此熟悉，互相能听见叫声，因不在同圈，造成公、母鹅夜晚的性隔离，有利于翌日交配。据报道，这一做法可以提高自养种鹅交配，其成功率达 85% 以上。

（2）保证公鹅健康　健康状况对公鹅的配种能力影响很大。据张仕权等报道蛋子瘟（大肠杆菌病）在公鹅中的发病率比较高，根据调查病鹅群中的 1 720 只公鹅，患病公鹅的主要临床症状限于阴茎，阴茎出现病变者有 530 只，占总数的 30.8%。轻者整个阴茎严重充血，肿大 2 ～ 3 倍，螺旋状的精沟难以看清，在不同部位有芝麻至黄豆大黄色脓性或黄色干酪样结节。严重者阴茎肿大 3 ～ 5 倍，并有 1/3 ～ 3/4 的长度露出体外，不能缩回体内。露出体外的阴茎部分呈黑色的结痂面。阴茎外露的病鹅将失掉交配能力故必须及时更换。

其他疾病所引起的公鹅健康不良同样会影响其配种能力。

（3）种群大小　农村往往采取大群配种，即在母鹅群内按一定的公母比例，放入一定数量的公鹅进行配种。此种方法管理方便，但往往有个别凶恶的公鹅会霸占大部分母鹅，导致种蛋的受精率降低。这种公鹅应及时淘汰，以利提高种蛋的受精率。在实际生产中，每群 3 ～ 5 只公鹅和 15 ～ 25 只母鹅组成一个小群的效果比较好。

（4）防止腿脚受伤　运动场地面应保持平整，地面上避免存在尖利的硬物，驱赶鹅群不要太快以防止公鹅腿和脚受伤。腿脚有伤的公鹅其配种能力会明显降低。

在小规模饲养的条件下，可以采用人工辅助配种，这对于提高种蛋受精率的效果比较明显。

二、休产期种鹅标准化管理技术

（一）饲喂方法

种鹅停产换羽开始，逐渐停止精饲料的饲喂，此时应以放牧为主，舍饲为辅，补饲糠麸等粗饲料。为了让旧羽快速脱落，应逐渐减少补饲次数，开始减为每天喂料 1 次，后改为隔天 1 次，逐渐转入 3 ～ 4 天喂 1 次，12 ～ 13 天后，体重减轻大约 1/3，然后再恢复喂料。

（二）人工拔羽

恢复喂料后 2 ～ 3 周，鹅的体重恢复，可进行人工拔羽，可以大大缩短母鹅的换羽时间，提前开始产蛋。人工拔羽有手提法和按地法：手提法适合小型鹅种，按地法适合大中型鹅种。拔羽的顺序为主翼羽、副翼羽、尾羽。拔羽要一根一根地拔，以减少对种鹅的损伤。人工拔羽，公鹅应比母鹅提前 1 个月进行，保证母鹅开产后公鹅精力充沛。拔羽应选择温暖的晴天进行，寒冷的冬季不适宜拔羽。人工拔羽后要加强饲养管理，头几天鹅群实行圈养，避免下水，供给优质青饲料和精饲料。如发现 1 个月后仍未长出新羽，则要增加精饲料喂量，尤其是蛋白质饲料，如各种饼、粕和豆类。

（三）种鹅群的更新

1. 全群更新

将原来饲养的种鹅全部淘汰，全部选用新种鹅来代替。种鹅全群更新一般在饲养 5 年后进行，如果产蛋率和受精率都较高的话，可适当延长 1 ～ 2 年。有些地区饲养种鹅，采取“年年清”的留种方式，种鹅只利用 1 年，公、母鹅还没有达到最高繁殖力阶段就被淘汰掉，这是不可取的。

2. 分批更新

在鹅群中，为提高种蛋受精率，保持大群产蛋量稳定，保持种鹅一定的年龄比例非常重要。一般情况下 1 岁鹅占 30%，2 岁鹅占 25%，3 岁鹅占 20%，4 岁鹅占 15%，5 岁鹅占 10%。根据上述年龄结构，每年休产期要淘汰一部分低产老龄鹅，同时补充新种鹅。

IV 种鹅孵化技术

一、种蛋的选择

种蛋管理是影响孵化效果的重要条件之一，包括种蛋的选择、保存、运输和消毒。

（一）种蛋的来源和收集

即使优良的种禽所产的蛋也不是都可作为种蛋用的。种蛋质量的优劣不仅直接关系到孵化率的高低，而且还影响到雏禽的生活力和成年后的生产性能。

1. 种蛋的来源

种蛋的品质取决于种禽的遗传品质和饲养管理条件的优劣，所以，种蛋应该来源于生产性能高且稳定、繁殖力强和健康无病的种禽。种禽应该喂饲全价饲料，有科学的环境管理和配种制度；种禽的年龄适当（尤其是鹅），饲养管理方法科学。

引进种蛋时尤其要考虑种禽的健康状况，凡患有沙门菌病（白痢、伤寒、副伤寒）、慢性呼吸道病、大肠杆菌、淋巴白血病等疾病的种禽往往通过感染种蛋而将疾病传染给雏禽；患病期间和初愈的种禽所产蛋也不宜作种蛋用。引种时不能从疫区引种。

2. 种蛋收集

地面平养为了防破损和种蛋受污染，每天需收集4次，放养鹅每天3～4次，夏、冬季再加收1～2次。每天多次收集种蛋的目的是为了减少蛋在禽舍内的存留时间，因为禽舍内环境不是适宜种蛋存放的环境。收集蛋的同时先分别挑出畸形蛋、破蛋，单独放置；蛋不在舍内过夜；集蛋用品每天应清洗消毒。

（二）种蛋（图60）选择的方法

1. 外观性状选择

（1）蛋壳颜色　蛋壳颜色是重要的品种特征之一，壳色应符合本品种的要求，颜色要均匀，但有时色泽深浅不一致（饲料原料、某些营养素、健康状况、周龄大小）。皖西白鹅、四川白鹅的蛋为白色，有时会发现一些蛋表面的颜色不一致（也称阴阳蛋），其受精率比较低。

（2）蛋重　应符合品种标准。鹅蛋随产蛋生物学年和体型大小蛋重也不一样，大型鹅蛋重比较大，如我国大型鹅种狮头鹅，第一个产蛋年平均产蛋 20 ～ 24 枚，平均蛋重为 176.3 克，第二年以后平均产蛋 28 枚，平均蛋重 217.2 克；中型鹅种皖西白鹅平均蛋重 142 克，蛋壳白色。超过标准范围 ±10% 的蛋不宜作种用，蛋重过小则雏禽体重小，体质弱，蛋重大则孵化率低；蛋重大小均匀可以使出壳时间集中，雏禽均匀一致。鹅的品种不同其种蛋的大小差异会很大，即便是同一个品种，在不同的产蛋年度所产种蛋的大小也有明显差异。

图 60　种蛋

（3）蛋形　应为卵圆形，一端稍大钝圆，另一端略小。鹅蛋形指数（纵径与横径之比）以 1.4 ～ 1.5 为好。过长、过圆、腰凸、橄榄形（两头尖）的蛋都应剔除。畸形蛋和裂纹蛋如图 61 所示。

图 61　畸形蛋和裂纹蛋

（4）清洁度　蛋壳表面应清洁无污物。受粪便、破蛋液等污染的蛋在孵化中胚胎死亡率高，易产生臭蛋污染孵化器和其他胚蛋。若沾有少许污物的蛋（图 62）可经水洗、消毒后尽快入孵。

图 62　沾有污物的蛋

（5）蛋壳质地　要求蛋壳应致密，表面光滑不粗糙。首先要剔出破蛋，裂纹蛋，皱纹蛋；厚度为 0.35 ～ 0.40 毫米，过厚的蛋影响蛋内水分的正常蒸发，出雏也困难；蛋壳过薄容易破裂，蛋内水分蒸发过速，也不利于胚胎发育。砂皮蛋厚薄不均也不宜用。选好的种蛋如图 63 所示。

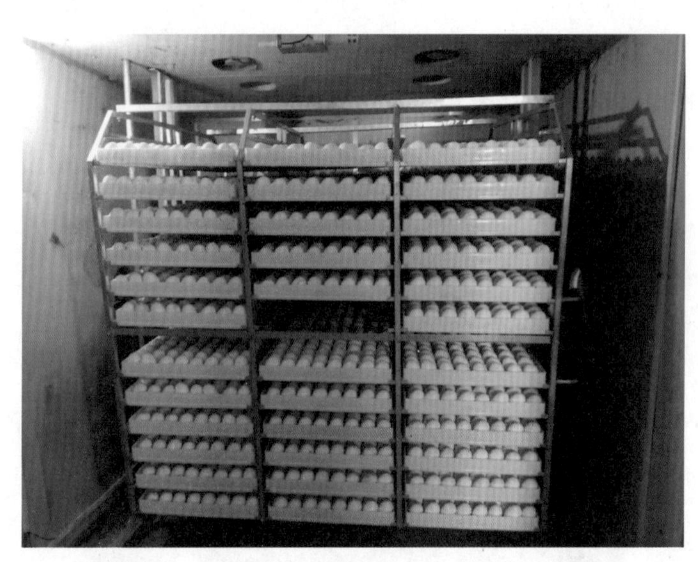

图 63　选好的种蛋

2. 听音

检蛋者双手各拿两枚蛋，手指转动蛋相互轻轻碰撞，完好的蛋其声清脆，破裂的蛋有沙哑的破裂声。这种方法主要与蛋的外观选择结合，挑拣出破裂蛋。

3. 照蛋观察

利用照蛋器械观察蛋的品质。

(1)蛋壳　破裂的蛋在裂纹处透亮，砂皮蛋则可见到点点亮斑。

(2)气室　新鲜的蛋气室小，存放较久者气室变大；气室游动，位置不固定的蛋也不能作种蛋用。

(3)蛋黄　新鲜蛋的蛋黄完整、圆形、位于蛋的正中。蛋黄上浮可能是系带因受震动或久存而断裂，蛋黄沉散多是运输不当或久存或细菌侵入引起蛋黄膜破裂而造成。

(4)血斑、肉斑　多数出现在蛋黄上(也有在蛋清上的)，观察时为白色、黑色或暗红色斑点，血斑、肉斑蛋应剔除。

此外，还有剖视抽验法，即抽出一部分蛋打开后观察内部品质，在一般的生产场不用。种蛋质量与孵化率间的关系见表 49。

表 49　种蛋质量与孵化率间关系

蛋的类别	合格蛋	薄蛋	畸形	破损	气室不正	有大血斑
孵化率(%)	87.2	47.3	48.9	53.2	32.4	71.5

注：孵化率为受精蛋孵化率。

种蛋选择可分两步进行，在拣蛋时根据外观形状把不合格的蛋拣出另放，在码盘消毒时可进行第二次选择。

二、种蛋的保存

(一)蛋库要求

基本要求是能够保证室内适宜的环境条件和良好的卫生状况。应有良好的隔热性，有条件者要使用空调；室内要清洁，无杂物；要求密闭性好，能防尘沙，防蚊蝇、麻雀和老鼠进入；空气流通，能防阳光直晒和间隙风。

贮存室一般分为两部分：一部分作为种蛋分拣、统计、装箱与上架等用，另一部分则专供贮存种蛋。小型孵化场的养殖户可因地制宜采用地窖、半地下室或独立小房间，蛋库贮量按本场种禽群产蛋率 75%计，容 7～10 天的产蛋量。

(二)管理

种蛋保存期间翻蛋的目的是防止蛋黄与壳膜粘连而引起的胚胎死亡。一般认为保存 1 周可以不翻蛋，种蛋保存超过 2 周时，每天翻蛋能明显提高孵化率(表 50)。翻蛋可将箱底部一侧垫起 40°以上，下次改为另一侧，也可以制作活动撬板架。

表 50　保存期翻蛋对种蛋孵化率的影响

翻蛋处理 \ 孵化率 \ 保存期	14 天	21 天	28 天
每天翻蛋	72.35%	60.75%	41.90%
不翻蛋	72.65%	50.70%	31.25%

注：另据报道，种蛋保存时间在 4 周以内，种蛋存放时锐端向上比钝端向上的孵化效果好。

（三）种蛋保存的环境

1. 保存温度

一般认为家禽胚胎发育的临界温度为 23.9℃，但是当温度达不到 37.8℃时胚胎的发育是不完全发育，容易导致胚胎衰老、死亡，温度过低胚胎因受冻而失去孵化价值。在生产中保存种蛋时把温度控制在 10 ～ 18℃，保存时间不超过 1 周时温度控制在 14 ～ 18℃，超过 1 周时为 10 ～ 13℃。防止蛋库内温度的反复升降。

另注意夏天刚收集的种蛋不能很快把蛋温降到保存标准 23.9℃以下，应该有一个缓慢的降温过程。

2. 相对湿度

种蛋保存期间蛋内水分的挥发速度与贮存室的相对湿度成反比（种蛋保存的目的在于尽可能减少水分的丧失）。蛋库中适宜的相对湿度为 70%～ 80%。过低则蛋内水分散失太多；过高易引起霉菌滋生、种蛋回潮。

3. 存放室的空气

空气要新鲜，不应含有有毒或有刺激性气味的气体，如石硫化氢、一氧化碳、消毒药物气体。

4. 遮光

光线不能直接照射到种蛋，防止局部温度上升导致种蛋发育或导致种蛋胚胎发育死亡。

另外，注意避免发生老鼠、猫、狗等动物造成意外的损失。

（四）保存期限

保存期超过 5 天，随着保存时间的延长种蛋的孵化率会逐渐降低（表

51)，一般来说保存期在 1 周内孵化率下降幅度较小，超过 2 周下降明显，超过 3 周则急剧降低。保存期越长在孵化的早期和中期胚胎死亡越多，弱雏也越多。同时，孵化期也会随保存时间的延长而增加。保存期间环境条件控制是否适宜也是影响保存时间的重要因素。

在孵化生产中，种鸡蛋保存时间以 7 天内为宜，水禽蛋最好不要超过 2 周（水禽蛋的蛋壳致密性比鸡蛋好）。夏季种蛋保存时间不宜超过 5 天。保存期长造成孵化率降低的原因是：蛋中具有杀（抑）菌特性的蛋白质（如溶菌酶等）功能逐渐消失；由于蛋内 pH 变化而使系带和蛋黄膜变脆；由于各种酶的活动而使胚胎衰老、营养物质变性，降低胚胎活力；蛋中残余细菌的繁殖危及胚胎。

表 51　种蛋保存期与孵化率及孵化期关系

保存天数（天）	1	4	7	10	13	16	19	22
受精蛋孵化率（%）	88	87	79	68	56	44	30	26
孵化期延长（小时）	0	0.7	1.8	3.2	4.6	6.3	8	9.7

注：孵化期延长是指比正常多需的小时数（春、秋、冬季可以适当保存长些，夏季保存时间应短些）。

三、种蛋的包装运输

（一）种蛋的包装要求

水禽蛋常使用竹篓或其他代用品包装，要求外形牢固不易变形，篓底铺垫料，种蛋平摆一层，蛋之间尽量靠紧，每铺一层垫料放一层种蛋，当离篓沿 3～4 厘米时用垫料填满加盖捆扎。包装用具及垫料要干燥、清洁、卫生，防止种蛋受污染。种蛋包装后还应注意标明一些必要的项目：品种、品系、产蛋日期、防压、防震、防热、防冻等。

（二）种蛋的运输

种蛋运输要求是快速、平稳，尽量缩短路途时间和减轻蛋的震动。运输工具最好的是飞机、火车、船，其次为汽车等。运输途中应该注意以下事项：

1. 防日晒雨淋

日晒会使局部蛋温升高，影响发育和出雏整齐性；雨淋则会使壳胶膜破坏，引起细菌侵入或霉菌繁殖，淋湿的垫料也会污染种蛋。因此，若用敞车运输时应携带防雨篷布。

2. 防热防寒

气温低时要带有挡风、保暖用品，运输时间可以考虑冬天在中午前后，夏天在傍晚、早晨运输。如果使用保温车运输则车内温度能够保持适宜且稳定。

3. 防震荡挤压

装卸时应轻放，路面不平时降低车速，同时在车厢上放一层垫料也可以减轻颠簸，另一方面行驶中刹车要慢，防止因惯性造成蛋箱互挤损坏。

种蛋运达目的地后应尽快开箱检查，拣出破损蛋，若发现被破损蛋液污染的种蛋应立即用净布擦干，消毒后入孵，不能再存放。

四、种蛋的消毒

（一）消毒目的

杀灭蛋壳表面的微生物。刚产出的蛋表面即有微生物附着，病原很快地繁殖，地面散养家禽的种蛋污染程度更大，微生物繁殖速度也更快（表52、表53）。种蛋表面或多或少总有污染，但只要保持干净就可防止其危害胚胎。

表52　禽蛋存放时间与蛋壳上细菌数量的关系

蛋产出时间	刚产出	产后15分	产后1小时
细菌数（千个）	0.1 ~ 0.3	0.5 ~ 0.6	4 ~ 5

表53　蛋壳清洁度与表面细菌数的关系

蛋壳清洁度	清洁	玷污	肮脏
细菌数（千个）	3 ~ 3.4	25.7 ~ 28.1	290 ~ 430

蛋壳表面的微生物容易被杀灭，但随着时间延长微生物侵入壳内后则难以杀灭，造成蛋的变质，某些病如白痢、支原体病等都是因为种蛋污染而引起雏禽发病。由此可见，种蛋收集后应及时消毒。

（二）消毒次数和时间

种蛋从产出到孵化至少应该进行两次消毒：第一次在种蛋收集后马上消毒，在规范化的种禽场应该在种禽舍的工作间设置消毒柜，在每次收集种蛋后立即消毒，消毒后运送到蛋库（如果是长途运输的种蛋，应该在入库之前进行一次消毒，避免运输途中感染病原菌或被细菌污染）；第二次在入孵前后进行。

（三）消毒方法

孵化中种蛋的消毒方法常用的主要有以下两类：

1. 熏蒸消毒

用药物气体对种蛋表面进行消毒，可用于每次消毒过程。

（1）福尔马林和高锰酸钾熏蒸消毒　消毒药物用量计算，按消毒室空间每立方米用40%的福尔马林30毫升，高锰酸钾15克；采用的消毒容器应是陶瓷或搪瓷容器，且应耐高温、耐腐蚀，容量要大于药物用量的3倍；加药时应先将称好的高锰酸钾放入消毒容器中，然后倒入甲醛溶液，绝不能把高锰酸钾倒入甲醛溶液中。消毒持续时间：密闭熏蒸15～20分，然后打开门窗，并用排气扇将室内药味抽出，将消毒容器取出放到室外。其他要求：消毒时要严密封闭门、窗和通气孔，消毒环境保持相对湿度75%、温度为25～30℃时效果良好。

（2）过氧乙酸消毒　每立方米空间用1%的过氧乙酸50毫升置于搪瓷器皿中加热，密闭熏蒸消毒15～25分，当烟雾冒尽后进行通风排气。环境温度应在20～30℃，相对湿度70%～90%。

2. 浸泡或喷淋消毒

将种蛋浸在消毒药水中或用消毒药水喷洒在蛋的表面。

（1）高锰酸钾溶液浸泡　药物浓度0.03%～0.05%，溶液温度40℃，浸泡时间1～3分。

（2）新洁尔灭溶液浸泡　药物浓度0.1%，温度40℃，喷洒于蛋的表面或浸泡3分。

（3）二氧化氯消毒法　用80毫克/升的二氧化氯温水溶液喷洒种蛋，此法使用较多。

3. 其他消毒方法

（1）紫外线消毒法　将种蛋放于紫外线灯下40厘米处，开灯照射1分，再从背面照射1分。

（2）种蛋深度消毒　将种蛋温度缓缓升到40℃，然后浸入含有抗生素的溶液中（温度为20℃左右）2分，由于蛋内容物的收缩药物会浸入蛋内，从而杀灭蛋内细菌。

五、种蛋孵化管理技术

（一）孵化温度控制标准

1. 孵化类型

（1）恒温孵化　在孵化器内温度恒定不变。对于大型立体孵化器来说，孵化过程中孵化器内温度控制的最佳标准为37.8℃（100°F），出雏器内温度应保持为37.3℃(99°F),在当前常用的恒温孵化中就是以此作为温度控制指标的。恒温孵化常用于分批入孵的管理方式。

（2）变温孵化　在孵化器内不同胚龄阶段的孵化温度是变化的。在实际生产中家禽胚胎对偏离最佳温度幅度不大的情况具有一定的适应能力，其可适应的温度范围是37.0～39.5℃（98.6～103.1°F），变温孵化的控温标准就在这个范围内。变温孵化适用于整批入孵管理方式。温度控制原则：前高、中平、后低。

鹅变温孵化温度：1～2天39℃，3～14天38℃，15～25天37.5℃，25～27天37.2℃，27天后36.5℃。种蛋入孵见图64。

2. 温度的影响

孵化过程中温度偏高或偏低都会影响胚胎的正常发育，其影响程度与温度偏差幅度、持续时间和胚龄大小有关。

（1）温度偏高的影响　温度偏高会使胚胎发育加快、孵化期缩短，死亡胚胎和畸形雏、弱雏增多。若温度超过42℃经过2～3小时胚胎就会发生死亡，若温度达到47℃时孵化5天的胚胎会在2小时内完全死亡，而入孵16天的胚胎在半小时内就全部死亡。胚龄越大对高温的耐受性越差。高温会导致雏禽出现绒毛与壳膜粘连，雏禽腹部小而且干硬。

（2）温度偏低的影响　温度偏低会使胚胎发育延缓，孵化期延长，出雏率降低。相对而言家禽胚胎对低温的耐受能力要比高温大。如果孵化温度较长时间低于35.6℃时，胚胎死亡数量则明显增多；如果短时间低于35.6℃时，胚胎死亡数量则无明显增多。若温度降至24℃则会使胚胎在30小时内全部死亡。低温会造成雏禽腹部膨大、松软，脐部湿。胚龄大的胚胎对低温的耐受性高于胚龄小的胚胎。

图 64　种蛋入孵

3. 胚胎所感受的温度

孵化过程中胚蛋本身的温度受两方面的影响：一是外源性供热，如电热丝或其他供热装置；另一个是胚胎在发育过程中自身代谢所产生的热量。

胚胎在不同的发育时期其本身所产生的热量也不一样：孵化初期胚胎处于细胞分化和组织形成阶段，胚体很小，所能产生的热量较少，这时种蛋的温度主要受孵化器内环境温度的影响，其后随着胚胎的日龄增大，物质代谢日益增强，胚胎本身产生大量的体热而使胚蛋感受到的温度明显上升。因此，在孵化时一般是采取分批交错上蛋的办法，每 5 天左右入孵一批蛋，并使“新蛋”与“老蛋”的蛋盘交错放置以便相互调节温度；若整批入孵时，到中后期必须注意晾蛋以防超温，或将供温标准适当降低。

（二）晾蛋

晾蛋的目的是防止蛋内温度或孵化器内温度超标。晾蛋一般在孵化中后期进行，通常都是在 12 天以后进行。每天 1 ～ 2 次，每天上午和下午各一次。方法是：整批入孵晾蛋时把孵化器门打开，关闭加热电源，电扇持续鼓风；分批入孵时将需要晾蛋的蛋车拉出，孵化器门关闭。晾蛋时间根据孵化室内温度和胚龄大小（胚龄大则晾蛋时间长、胚龄小则晾蛋时间短）灵活掌握，一般时间为 10 ～ 30 分。当蛋表面温度下降到 34℃左右，用眼皮感觉达到“温凉”即可。

鹅蛋脂肪含量高，蛋量大，单位重量散热面积小，必须进行晾蛋。晾蛋不仅可驱散孵化器中的余热，还可使胚蛋得到更多的新鲜空气，适当的冷刺激还可促进胚胎发育。

（三）通风换气

家禽孵化器内的通风换气关系到发育中胚胎的气体交换以及对温度和湿度

的调节。家禽胚胎在孵化过程中不断地进行着气体代谢——吸入氧气和排出二氧化碳，因此，在孵化中必须供给新鲜空气，排出浊气。

据测定，孵化器中氧气含量不低于 20%，二氧化碳含量低于 1%时可获得良好的孵化效果，当二氧化碳含量超过 1%时每增加 1%则孵化率下降 15%，同时还会出现较多的胎位不正现象和畸形、体弱的雏禽；氧气含量低于 20%会使孵化率降低，在 20%的基础上氧化含量每降低 1%孵化率约下降 5%。在海拔高的地区孵化率低的重要原因是空气中氧气含量不足，通过人工补充氧气则会使孵化效果明显改善。

在孵化的不同时期胚胎的耗氧量是不一致的，据测定每个胚胎每天耗氧量在初期为 12.24 厘米^3，17 天达 416.16 厘米^3，20 天、21 天可达 1 000～1 500 厘米^3。由此可见在孵化中，后期加大通风量是不可忽视的，它不仅可提供新鲜的空气，排出二氧化碳，而且能够使孵化器中的温度更为均匀，排出余热。

在加大通风的同时应考虑孵化器内的温度和湿度的保持，通风强度大时散热快、湿度小；通风不良时空气不流畅、湿度就大。通风太强会使胚胎失去过多水分，通风不良则影响蛋内水分的正常蒸发，从而影响到孵化效果，见表 54。

表 54　通风量与孵化率的关系

通风量（米^3/小时）	0.27	0.55	0.73	1.21	5.39	11.2
受精蛋孵化率（%）	12.7	25.8	42.6	69.8	86.0	84.7

孵化中通风的控制不仅要求孵化器有良好的通风换气系统及控制装置，而且还要求有适当的气流速度，使气流在机内均匀流通，并使凉风不直接吹向蛋面。

孵化室的通风换气是一个不容忽视的问题，除了保持孵化器顶部与天花板有适当距离（不低于 1 米），还应有污气集中排放设备和送气设备，以保证室内空气新鲜（通风不足常见于冬季需要保温之时，常可见到出雏器中因二氧化碳浓度高，雏鸡昏昏欲睡）。

（四）翻蛋

翻蛋是保证胚胎正常发育所必不可少的条件，在母禽抱窝时可以见到其用喙、爪翻动种蛋。翻蛋对胚胎的发育具有重要意义。

1. 翻蛋的作用

（1）翻蛋可以防止胚胎与壳膜粘连　从生理上讲蛋黄含脂肪多，比重较轻，总是浮在上部，而胚胎则位于蛋黄的上面，若长时间不翻蛋则胚胎与壳膜易发生粘连而引起死亡。

（2）翻蛋有助于胚胎运动　保持胎位正常，也可改善胎膜血液循环。

（3）翻蛋能使胚蛋各部受热均匀　在一定程度上可以缓解温差所造成的不良影响。孵化器中的翻蛋装置正是模仿抱窝鸡翻蛋而设计的。

2. 翻蛋次数

机械孵化一般是每天翻蛋 12 ～ 24 次，无论何种孵化方法每天翻蛋次数不宜少于 6 次，否则会导致孵化率降低，见表 55。不同的翻蛋处理方式对孵化率的影响有差异，具体见表 56。

表 55　翻蛋次数与孵化率的关系

每天翻蛋次数（次）	2	4	6	8
受精蛋孵化率（%）	67.4	70.4	73.3	78.1

表 56　孵化率与翻蛋措施的关系

处理方式	孵化率（%）
整个孵化期不翻蛋	29
7 天前翻蛋　7 天后不翻蛋	79
前 2 周翻蛋　后 2 周不翻蛋	95
啄壳前每天都翻蛋	92

生产上要求在种蛋落盘以前都应该翻蛋。在孵化设备的制造上已经体现了这种要求。

3. 翻蛋角度

在新型孵化器中都设计为 90°，而在土法孵化时手工翻蛋尽可能达到 180°。鹅蛋的翻蛋角度要求比鸡蛋大，不低于 100°。

（五）相对湿度

1. 保持适宜湿度的意义

孵化中相对湿度与胚胎发育之间的关系主要表现在三个方面：

（1）调节蛋内水分蒸发，维持胚胎正常的物质代谢　相对湿度偏低会使蛋内水分蒸发过多，造成尿囊绒毛膜复合体变干，从而阻碍氧气的吸入和二氧化碳的排出，也易引起胚胎和壳膜粘连；湿度偏高会阻碍蛋内水分的正常蒸发，都会影响到胚胎物质代谢的正常进行。

（2）使胚蛋受热均匀　适宜的相对湿度可以使孵化初期的胚蛋受热良好，也有利于后期胚蛋散热。

（3）有利于雏禽啄壳　后期有足够的相对湿度可以与空气中的二氧化碳共同作用于蛋壳使碳酸钙转变为碳酸氢钙，蛋壳变脆，有利于雏禽啄壳。

2. 控制标准

家禽胚胎的发育对环境中相对湿度适应范围比较宽，只要温度适宜，40％～70％的相对湿度都不会对家禽胚胎的发育有明显的影响。分批入孵情况下对于鸡胚来说孵化器内相对湿度保持为50％～60％，出雏器内为65％～70％即可保持其正常发育；水禽蛋对相对湿度的要求比鸡蛋高5%～10%。

在整批入孵的情况下，湿度掌握的原则是"两头高，中间低"，即孵化第一周，胚胎要形成羊水、尿囊液，相对湿度应为60%～65%，孵化中期胚蛋羊水、尿囊液要向外挥发，相对湿度可降为50%～55%，而落盘后为使蛋壳变脆和防止雏禽绒毛与蛋壳粘连，相对湿度应升高到65%～70%。

鹅蛋在孵化到中后期时要注意及时在蛋的表面洒水，一方面可以帮助蛋内部的热量向外散发，另一方面还可以保持较高的湿度。洒水可在晾蛋的同时进行，水温以35℃左右为宜。

（六）种蛋孵化过程中胚胎的发育

种蛋入孵后，胚胎很快苏醒，发育并形成胚层。胚层将分化形成胚胎所有的组织和器官，外胚层形成胚胎的皮肤、羽毛、喙、爪、耳、口腔、神经系统、眼和泄殖腔上皮；中胚层演化为骨骼、肌肉、血液、生殖和排泄器官；内胚层分化为呼吸和分泌器官及消化道内膜等。

正常的孵化条件下，不同日龄鹅的胚胎发育情况简述如下：

1 ～ 2 天：胚盘发育，出现消化道，形成脑、脊索和神经管等。在胚盘边缘出现许多红点。

3 ～ 3.5 天：卵黄囊、羊膜、绒毛膜开始形成。心脏和静脉形成。心脏的雏形开始跳动。

4.5 ～ 5 天：尿囊开始长出，鼻、翅膀、腿开始形成，羊膜完全包围胚胎。眼的色素开始沉着。

5.5 ～ 6 天：羊膜腔形成，胚与卵黄囊完全分离，并在蛋的左侧翻转。胚头部明显增大。

7 天：生殖腺已经分化，胚胎极度弯曲，眼的黑色素大量沉着。

8 ～ 8.5 天：喙开始形成，腿和翅膀大致分化。尿囊扩展达蛋壳膜内表面，羊膜平滑肌收缩使胚胎有规律地运动，胚的躯干部增大。

9 ～ 9.5 天：出现卵齿，肌胃形成，绒毛开始形成，胚胎自身有体温。胚胎已显示鸟类特征。

10 ～ 10.5 天：肋骨、肝、肺、胃明显可见，母雏的右侧卵巢开始退化。嘴部开始可以张开。

11.5 ～ 12 天：喙开始角质化，软骨开始骨化。尿囊几乎包围整个胚蛋。

15 ～ 16 天：龙骨突形成，背部出现绒毛，腺胃明显可辨，血管加粗、色深。

17 天：躯体覆盖绒毛，趾完全形成，肾、肠开始有功能，胚胎开始用嘴吞食蛋白。

18 天：头部及躯体大部分覆盖绒毛。出现足鞘和爪。蛋白迅速进入羊膜腔。

18 ～ 22 天：胚胎从横的位置逐渐转成与蛋长轴平行，头转向气室。翅膀成形。体内器官大体上都已形成。绝大部分蛋白已进入羊膜腔。卵黄逐渐成为重要的营养来源。

23 ～ 24 天：两腿紧抱头部，喙转向气室，蛋白全部输入羊膜腔。

25 ～ 26 天：胚胎成长接近完成。头弯右翼下，胚胎转身，喙朝气室。

27.5 ～ 28 天：卵黄囊经由脐带进入腹腔。喙进入气室开始呼吸，胚胎呈抱蛋姿势，开始啄壳。颈、翅突入气室。

28.5 ～ 30 天：剩余的蛋黄与卵黄囊完全进入腹腔。尿膜失去作用，开始枯干。起初是胚胎喙部穿破壳膜，伸入气室内，接着开始啄壳。

30.5 ～ 31 天：出壳(图 65)。

图65 雏鹅出壳

六、机器孵化法操作管理

（一）孵化前的准备

1. 孵化计划的制订

根据孵化和出雏机容量、种蛋来源、雏禽销售合同等具体情况制订孵化计划。如孵化出雏机容量大，种蛋来源有保证，雏禽销售合同集中而量大，可采用整批入孵的变温孵化法；反之，设备容量小，分批供应种蛋，雏禽销售合同比较分散，可采用分批上蛋的变温孵化法。在制订孵化计划时，尽量把费时的工作（上蛋、照蛋、落盘、出雏）错开安排，不要集中在一起进行。

2. 操作人员培训

现代孵化设备的自动化程度很高，有关技术参数设定后就可以自动控制。但是，孵化过程中各种问题都可能出现，要求孵化人员不仅能够熟练掌握码盘、入孵、照蛋、落盘等具体操作技术，还要了解不同孵化时期胚胎发育特征和孵化条件的调整技术。此外，对于孵化设备、电器设施使用过程中常见的问题也能够合理处理。

3. 孵化室的准备

孵化前对孵化室要做好准备工作。孵化室内必须保持良好的通风和适宜的温度。一般孵化室的温度为20～26℃，相对湿度55%～60%。为保持这样的温、湿度，孵化室应严密，保温良好，最好建成密闭式的。如为开放式的孵化室，窗子也要小而高一些，孵化室天棚距地面4米以上，以便保持室内有足够的新鲜空气。孵化室应有专用的通风孔或风机。现代孵化厂一般都有两套通风系统，孵化机排出的空气经过上方的排气管道，直接排出室外，孵化室另有正压通风系统，将室外的新鲜空气引入室内，如此可防止从孵化机排出的污浊空气再循环进入孵化机内，保持孵化机和孵化室内的空气清洁、新鲜。孵化机要离开热源，并避免日光直射，孵化室的地面要坚固平坦，便于冲洗。

孵化前对孵化室要进行清扫，清理、冲洗排水沟，供电线路检修，照明、通风、加热系统检修。

4. 孵化器的检修

孵化人员应熟悉和掌握孵化机的各种性能。种蛋入孵前，要全面检查孵化机各部分配件是否完整无缺，通风运行时，整机是否平稳；孵化机内的供温、鼓风部件及各种指示灯是否都正常；各部位螺丝是否松动，有无异常声响；特别是检查控温系统和报警系统是否灵敏。待孵化机运转 1 ～ 2 天，未发现异常情况，方可入孵。

5. 孵化温度表的校验

所有的温度表在入孵前要进行校验，其方法是：将孵化温度表与标准温度表水银球一起放到 38℃左右的温水中，观察它们之间的温差。温差太大的孵化温度表不能使用，没有标准温度表时可用体温表代替。

6. 孵化机内温差的测试

因机内各处温差的大小直接影响孵化成绩的好坏，在使用前一定要弄清该机内各个不同部位的温差情况。方法是在机内的蛋架装满空的蛋盘，用校对过的体温表固定在机内的上、中、下，左、中、右，前、中、后部位。然后将蛋架翻向一边，通电使鼓风机正常运转，机内温度控制在 37.8℃左右，恒温半小时后，取出温度表，记录各点的温度，再将蛋架翻转至另一边去，如此反复各 2 次，就能基本弄清孵化机内的温差及其与翻蛋状态间的关系。

7. 孵化室、孵化器、摊床的消毒

为了保证雏禽不受疾病感染，孵化室的地面、墙壁、天棚均应彻底消毒。孵化室墙壁的建造，要能经得起高压冲洗消毒。孵化前机内必须清洗，并用福尔马林熏蒸，也可用药液喷雾消毒。

8. 入孵前种蛋预热

种蛋预热能使静止的胚胎有一个缓慢的“苏醒适应”过程，这样可减少突然高温造成死精偏多，并减缓入孵初的孵化器温度下降，防止蛋表凝水，利于提高孵化率。预热方法是在 22 ～ 25℃的环境中放置 12 ～ 18 小时或在 30℃环境中预热 6 ～ 8 小时。

9. 码盘、入孵

将种蛋斜放或平放在孵化盘上称为码盘（图66），码盘的同时要挑出破蛋。整批孵化时，将装有种蛋的孵化盘插入孵化蛋架车推入孵化器内。分批入孵时，装新蛋与老蛋的孵化盘应交错放置，注意保持孵化架重量平衡。为防不同批次种蛋混淆，应在孵化盘上贴上标签。

图66　码盘

入孵时间最好是在下午4点以后，这样大批出雏可以赶上白天，工作比较方便。

10. 种蛋消毒

种蛋入孵前后12小时内应熏蒸消毒1次，方法同前。

（二）孵化日常管理

1. 温度的观察与调节

孵化机的温度调节旋钮在种蛋入孵前已经调好定温，在采用恒温孵化的时候，如果没有什么异常情况出现不要轻易扭动。在采用变温孵化的情况下，要由专业技术人员在规定时间调整。一般要求每隔1～2小时检查箱温1遍并记录1次温度。判断孵化温度适宜与否，除观察门表温度，还应结合照蛋，观察胚胎发育状况。

2. 湿度

孵化器湿度的提供有两种方式：一种是非自动调湿的，靠孵化器底部水盘内水分的蒸发。对这种供湿方式，要每日向水盘内加水。另一种是自动调湿的，靠加湿器提供湿度，这要注意水质，水应经滤过或软化后使用，以免堵塞喷头。湿球温度计的纱布在水中易因钙盐作用而变硬或者沾染灰尘或绒毛，影响水分蒸发，应经常清洗或更换。

3. 翻蛋

孵化过程中必须定时翻蛋。孵化鹅蛋的翻蛋角度比鸡蛋的大。根据不同机器的性能和翻蛋角度的大小决定翻蛋的间隔时间。温差小、翻蛋角度大的孵化机可每 2 小时翻蛋一次；反之，应每小时翻蛋一次。手工翻蛋的，动作要轻、平稳，每次翻蛋时要留意观察蛋架是否平稳。发现异常的声响和蛋架抖动都要立即停止翻蛋，待查明原因，故障排除后再行翻蛋。

自动化高的孵化机，翻蛋有两种方式，一种是全自动翻蛋，每隔 1 ～ 2 小时自动翻蛋 1 次；另一种是半自动翻蛋，需要按动左、右翻蛋按钮键完成翻蛋全过程。在生产实践中，为了结合观察记录孵化温度，及时了解孵化器是否运转正常，往往采用定时半自动翻蛋。

4. 通风

整批入孵的前三天（尤其是冬季），进、出气口可不打开，随着胚龄的增加，逐渐打开进、出气孔，出雏期间进、出气孔全部打开。分批孵化，进、出气孔可打开 1/3 ～ 2/3。鹅蛋在孵化中后期，脂肪代谢比鸡强，所以应特别重视通风换气。

5. 照蛋

照蛋之前应先提高孵化室温度（气温较低的季节），使室温达到 30℃左右，以免照蛋过程中胚胎受凉。照蛋要稳、准、快，从蛋架车取下和放上蛋盘时动作要慢、轻，放上的蛋盘一定要卡牢，防止翻蛋时蛋盘脱落。照蛋方法：将蛋架放平稳，抽取蛋盘摆放在照蛋台上，迅速而准确地用照蛋器按顺序进行照检，并将无精蛋、死胚蛋、破蛋拣出，空位用好胚蛋填补或拼盘。抽、放蛋盘时，有意识地上、下、左、右对调蛋盘，因为任何孵化机上、下、左、右存在温差是难免的。整批蛋照完后对被照出的蛋进行一次复查，防止误判。同时检查有否遗漏该照的蛋盘。最后记录无精蛋、死精蛋及破蛋数，登记入表，计算种蛋的受精率和头照的死胚率。

另外，有一种照蛋设备称为照蛋箱，当蛋盘放在箱口时压迫微型开关，箱内灯泡打开，而蛋的锐端与箱口的带孔板相对应，光线不外泄。照蛋者能够看清全盘蛋的情况，效率很高，破蛋也少。

6. 晾蛋

鹅蛋在孵化的中后期必须晾蛋。判断是否需要晾蛋，除胚龄外还要观察红灯亮（加热）、绿灯亮（断电停止加热）的时间长短及门表温度显示。若绿灯长时间发亮，门表显示温度超出孵化温度，说明胚蛋出现超温现象，应及时打开机门，或把蛋架车从机内拉出晾蛋。室温低于 19℃时，不必晾蛋。19 ～ 20 天开始同时进行晾蛋与喷水，一般每天晾蛋及喷水各 4 次。喷水方法：抽出蛋盘，稍晾一会儿，在蛋面上喷洒 37℃温水。

7. 落盘

鹅胚发育至 26 ～ 27 天时，把胚蛋从孵化器的孵化盘移到出雏器的出雏盘的过程叫落盘（或移盘）。具体落盘时间应根据二照的结果来确定，当蛋中有 1%开始出现“打嘴”，即可落盘。落盘前应提高室温，动作要轻、快、稳。落盘后最上层的出雏盘要加盖网罩，以防雏禽出壳后窜出。对于分批孵化的种蛋，落盘时不要混淆不同批次的种蛋。

落盘前，要调好出雏器的温、湿度及进、排气孔。出雏器的环境要求是高湿、低温、通风好、黑暗、安静。

目前我国孵化家禽蛋采用机、摊结合孵化的很多。一般二照前机孵，二照后（鹅 16 天）上摊，把种蛋先放平于上层摊床，放两层（因为上层温度高，胚胎此时自温较低又需高温），在 10 ～ 12 小时，温度上升到 37 ～ 38℃再平放 1 层（由 2 层变为 1 层），靠摊床上棉被层数、厚薄调温，每天进行倒蛋 3 次（每 8 小时 1 次）：中间蛋与边缘蛋对倒，到出雏前 1 ～ 2 天，只将边蛋调到中心位置，不进行倒蛋。倒蛋的同时晾蛋，出雏前 5 天左右由上摊移至下摊（此时种蛋自温已较高，发育不需高温，同时在下摊也便于出雏时操作）。摊孵温度全凭工作经验、胚龄、气温（摊房温度要求 28 ～ 32℃）适当调整。

8. 出雏与记录

胚胎发育正常的情况下，落盘时就有破壳的，鹅蛋孵化到 29 天就陆续开始出雏，一般鹅 30 天就大量出壳。

拣雏（图 67）有集中拣雏和分次拣雏两种方式。集中拣雏是在雏禽出壳达 80%左右时进行拣雏，把没有出壳的胚蛋集中到若干个出雏盘内继续孵化，大批量孵化主要采用此法；分次拣雏则是从有雏禽出壳开始，每 4 ～ 6 小时拣雏 1 次。拣雏时要轻、快，尽量避免碰破胚蛋。为缩短出雏时间，可将绒毛已干、脐部收缩良好的雏禽迅速拣出，再将空蛋壳拣出，以防蛋壳套在其他胚蛋上引起闷死。对于脐部突出呈鲜红光亮，绒毛未干的雏禽应暂时留在出雏盘内待下次再拣。到出雏后期，应将已破壳的胚蛋并盘，并放在出雏器上部，以促使弱胚尽快出雏。在拣雏时，对于前后开门的出雏器，不要同时打开前后机门，以免出雏器内的温、湿度下降过大而影响出雏。

图67 拣雏

在出雏后期，可把啄壳口已经扩大、内壳膜已枯黄或外露绒毛已干燥，尿囊血管萎缩、雏禽在壳内无力挣扎的胚蛋，轻轻剥开啄壳口周围的蛋壳，分开粘连的壳膜，把头轻轻拉出壳外，令其自己挣扎破壳。若发现壳膜发白或有红的血管，应立即停止人工助产。

每次孵化应将入孵日期、品种、种蛋数量与来源、照蛋情况记录表内，出雏后，统计出雏数、健雏数、死胎蛋数，并计算种蛋的孵化率、健雏率，及时总结孵化的经验教训。

9. 清扫消毒

出完雏后，抽出出雏盘、水盘，捡出蛋壳，彻底打扫出雏器内的绒毛污物和碎蛋壳，再用蘸有消毒水的抹布或拖把对出雏器底板、四壁清洗消毒。出雏盘和水盘要洗净、消毒、晒干，干湿球温度计的湿球纱布及湿度计的水槽要彻底清洗，纱布最好更换。全部打扫、清洗彻底后，再把出雏用具全部放入出雏器内，熏蒸消毒备用。

10. 停电时的措施

孵化厂最好自备发电机，遇到停电立即发电。并与电业部门保持联系，以便及时得到通知，做好停电前的准备工作。没有条件安装发电机的孵化厂，遇到停电的有效办法是提高孵化、出雏室的温度。停电后采取何种措施，取决于停电时间的长短和胚蛋的胚龄及孵化、出雏室温度的高低。原则是胚蛋处于孵化前期以保温为主，后期以散热为主。若停电时间较长，将室温尽可能升到33℃以上，敞开机门，半小时翻蛋一次。若停电时间不超过一天，将室温升到27～30℃，胚龄在11～13天前的不必打开机门，只要每小时翻蛋一次，每半小时手摇风扇轮 15 ～ 20 分。胚龄处于孵化中后期或在出雏期间，要防止胚胎自温热量扩散不掉而烧死胚胎，所以要打开机门，上、下蛋盘对调或拉出蛋架车甚至向胚蛋喷洒温水。若停电时间不长，冬季只需提升室温，若是夏季不必生火。

专题四
鹅产品安全生产技术

专题提示

鹅产品安全生产，进行深加工的意义十分重大，首先鹅产品深加工可以增加产品品种，使鹅产品不再局限于整胴体、羽绒、肥肝、蛋等的简单产品，而且能扩大产品市场，增加产品销售渠道，从而增加产品的销量；鹅产品深加工还可延长产品保存期，有利于产品销售和保持产品市场价格稳定；鹅产品深加工更大的意义是可充分挖掘鹅体的价值及变废为宝，不断增产增值，避免出现鹅产品市场疲软的局面，使养鹅业持续稳定发展。

I 鹅产品概述

一、鹅肉

鹅肉是鹅业生产的主要产品之一。据测定，8～9周龄的仔鹅肉水分含量68%～72%，蛋白质含量18%～22%，脂肪含量6%～10%。鹅屠宰率87%左右，半净膛率80%～81%，全净膛率71%～73%。

二、鹅羽绒

鹅羽绒含绒率高，富有弹性，隔热保暖性强，是高级衣被的填充料。白色鹅绒是羽绒中的极品，在国际市场上早有“软黄金”之说。我国开发利用羽绒资源较早，一个多世纪以来，羽绒一直是我国重要的出口创汇商品，我国年出口羽绒（含鸭）占国际贸易量的50%以上。鹅羽绒以其绒朵大、蓬松度好、填充度高而倍受青睐，基本全部出口，纯绒价格高达900元/千克。随着人们收入的增加，国内对鹅羽绒的需求量逐步增加。

三、鹅肥肝

肥肝是指鸭、鹅生长发育大体完成后，在短时期内人工强制填饲大量高能量饲料，经过一定的生化反应在肝脏大量沉积脂肪形成的脂肪肝。肥肝质地细嫩，味道鲜美，脂香醇厚，营养丰富，是一种高级营养食品，在西方国家深受欢迎。近年来，在国内肥肝生产企业的宣传下，消费者对肥肝的营养与保健功能有了一定的认识，国内的消费量也在增加。

鸭、鹅肥肝与正常肝脏主要成分比较见表 57。

表 57　鸭、鹅肥肝与正常肝脏主要成分比较

种类	肝类型	水分（%）	粗脂肪（%）	粗蛋白质（%）
鸭	肥肝	36 ~ 64	40 ~ 52	7 ~ 11
	正常肝	68 ~ 70	7 ~ 9	13 ~ 17
鹅	肥肝	32 ~ 35	60	6 ~ 7
	正常肝	76	2.5 ~ 3	7

四、鹅蛋

传统的蛋用型家禽有蛋鸡、蛋鸭、蛋鹌鹑三种类型，鹅蛋是用来孵化鹅苗的，很少有人去食用新鲜的鹅蛋。但近年来各种珍禽蛋类在蛋品市场上不断涌现，如珍珠鸡蛋、火鸡蛋、鸵鸟蛋等丰富了人们的餐桌，蒸煮鹅蛋、用鹅蛋加工的咸蛋已成为都市人喜爱的食品，目前鹅蛋呈旺销势头。

五、其他鹅产品

1. 鹅裘皮

鹅裘皮是我国于 20 世纪 60 年代初首先研制成功的产品，突破了禽类毛皮不能制裘皮的禁区，轰动了全世界。鹅裘皮是由去掉羽毛带绒的鹅皮用化学和物理方法鞣制而成的，具有裘皮的特性和用途。最初的鹅裘皮出口到法国和德国，主要用于制造妇女化妆盒中的粉扑，这种粉扑柔软而有弹性，所以很珍贵。

我国鹅裘皮用于服装工业在 20 世纪 90 年代兴起，鹅裘皮同其他兽类裘皮相比，具有皮源广、美观时尚、轻柔蓬松、隔热保暖性能好等特点。鹅裘皮的绒毛为朵状纤维，疏水性能很强，据说在水中 30 天还能保持很好的疏水性。

在使用鹅裘皮和鹅绒制品时，鹅绒的绒朵会根据温度而膨胀或收缩，温度高时，绒朵收缩，散热和透气性能提高；温度低时，绒朵膨胀，密封性能和保温性能提高。

2. 鹅羽翎

鹅的主翼羽和副主翼羽统称为鹅羽翎。从鹅翅尖稍往里，第 1 ～ 3 根称尖梢翎，第 4 ～ 10 根称刀翎，第 11 ～ 21 根称窝翎。一只鹅共 42 根羽翎。鹅羽翎羽茎粗硬，轴管长而粗，适合加工成各种工艺品、装饰品，如羽毛扇、羽毛画、羽毛花等。另外，用鹅羽翎制作羽毛球，品质优良，在国际市场上普遍受到欢迎。鹅羽翎利用后的次品，经过处理可以加工成羽毛粉，是一种蛋白质饲料。羽毛粉中所含的胱氨酸比鱼粉高 6 倍，可以代替部分蛋氨酸，显著提高饲料的利用率。

3. 鹅油

鹅的脂肪熔点较低，不饱和脂肪酸含量丰富，容易被人体消化吸收，同时还具有独特的香味，是一种很好的动物脂肪。食用鹅油要除去血污，进一步精炼。用鹅油制作糕点，如桃酥等，色形良好，酥脆不粘牙，不腻口，并有一种诱人的清淡香味。肥肝鹅屠宰取肝后，腹部积累了大量的脂肪，是鹅油的主要来源。据测定，大型肥肝鹅取肝后可获得 1 千克以上脂肪。利用鹅油熔点低易吸收的特点，可用以制作化妆品，有润肤美容效果。鹅油还可按 1.5%～ 2.0% 的比例加入肥肝鹅填饲饲料中，其填肥效果更理想，促使肥肝快速增大。

4. 鹅骨

鹅肉分割后，剩下的带肉骨架是加工鹅骨肉泥、骨粉、鲜骨酱的主要原料。鹅骨能提供优质的钙、磷等矿物质，骨髓中含有丰富的营养物质，加工而成的鹅骨肉泥色泽清淡，组织细腻，口感良好。在饺子、香肠、包子中添加适量鹅骨肉泥，可以提高营养价值，特别适合缺钙的老年人食用。据报道，鹅骨肉泥干物质中含粗蛋白质 31.2%，粗脂肪 48.4%，钙 6.5%，磷 1.0%。

5. 鹅血

鹅血中蛋白质含量高，赖氨酸丰富，嫩而鲜美，可供食用。将新鲜鹅血与 2 ～ 3 倍的淡盐水充分搅拌混合，稍经蒸熟后即可食用。加工出来的鹅血块味鲜质嫩，适口性好，为广大消费者所喜好。国外还将鹅血加到香肠和肉制品中，来改善肉制品的色泽和味道。鹅血中还含有某种抗癌因子，现已确定用鹅血治疗恶性肿瘤是一种有效的方法，可制成抗癌药物。上海生产的鹅全血抗癌药片，已被国家批准正式生产。该药治疗食管癌、胃癌、肺癌、肝癌等恶性肿瘤有效率达 65%，对各种原因引起的白细胞减少症的治疗，有效率为 62.8%。鹅血药片和鹅血糖浆对老人、妇女以及身体虚弱者也有明显的益处。鹅血经离心分离出的血清为乳白色，呈半胶状，味道鲜美，可作为糕点和香肠等食品的添加剂，有名的法兰克福香肠就添加了 2%鹅血清。英国和黑香肠添加 50%的鹅血清胶体，用以提高其质量和风味。

成年鹅在屠宰前接种小鹅瘟疫苗，屠宰后每只鹅可提取 30 ～ 50 毫升高免血清，用来预防和治疗小鹅瘟，减少因感染小鹅瘟病毒而造成的死亡和损失。

6. 鹅胆和鹅脑

鹅胆可以用来提取去氧胆酸和胆红素。去氧胆酸能使胆固醇型胆结石溶解，是治疗胆结石的重要药物。胆红素是一种名贵中药，可用来解毒。鹅脑营养丰富，除具有较高食用价值外，还可以提取激素类药物。

7. 鹅脚皮

鹅脚皮经过剥离、鞣制后，可以用来制作表带、钥匙链等，具有厚薄均匀、细致柔软、抗拉性强等特点，而且外观独特，样式新颖，时髦畅销。另外，鹅脚是制作高档菜肴的原料，而且供不应求。

延伸阅读

鹅裘皮生产现状与市场前景

我国国内生产鹅裘皮的企业较少，吉林、山东、黑龙江、安徽、浙江等省的几家工厂或科研单位均已研制出或正在研制鹅绒裘皮，在剥取生皮及初加工工艺上已经取得可喜的成果。但在鞣制过程中有的技术难关尚未完全解决，如还存在绒毛容易脱落等问题。四川隆昌朗德鹅有限公司的产品在固绒技术上是成功的，据说该公司掌握了与其他厂家不同的固绒技术，该公司的 10 件鹅裘皮皮张展品都被卖给或赠给业内人士。上述的情况说明，鹅裘皮皮张产品的生产技术正在提高和成熟，专注于鹅裘皮研制和生产的企业也在不断增加。

国内的鹅裘皮服饰产品主要有帽子、围脖、披肩、背心、大衣、被褥、小饰品等。可以相信，随着产业的发展，鹅裘皮制品的品类会越来越多。目前鹅裘皮的生产呈现北强南弱的情况，但是不可忽略的是南方有强大的资本优势、服饰技术优势、市场优势，鹅裘皮服饰业优势有可能向南方移动。鹅裘皮产业的重点是要做好产业链前端的鹅，培育、饲养体型大、产绒多、绒质好的鹅，更要求有较好的整齐度。做好产业链的前端，才能有皮张大而整齐的裘皮货源，也才能有好的市场。

中国羽绒行业专家王敦洲认为，鹅裘皮制品的市场是在国内冬季较为寒冷的地域，另外在国际市场上前景无量，尤其是俄罗斯的市场会很大。中青年白领女性是最大的目标市场，舒适、美观和雅致是这类人群最重要的消费选择。值得强调的是鹅裘皮皮板柔软，手感极好，轻便保暖。用鹅裘皮制成的服装重量仅是兔皮的 1/2，貂皮的 3/4，白鹅裘皮洁白如雪，用鹅绒裘皮制成的服装及帽子、围巾、披肩以及多种装饰品等，穿戴温暖舒适，雍容华贵，美观大方，深受外商青睐，因此鹅绒裘皮很有可能成为我国出口创汇的大宗产品，前景广阔。

Ⅱ 鹅产品安全生产及加工技术

一、肉仔鹅标准化生产

（一）肉仔鹅生产常用的品种和杂交配套组合

1. 不同地方品种间杂交

杨茂成等（1993）用太湖鹅、四川白鹅、豁眼鹅、皖西白鹅 4 个品种进行品种间配合力测定，筛选最优组合用于肉仔鹅生产。结果表明，杂交后代 60 日龄、70 日龄活重以豁眼鹅为母本的 3 个杂交组合表现出杂种优势，其余组合的杂交效应均小于 4 个品种的平均纯繁效应，并且得出四川白鹅适合作为父本。陈兵等（1995）利用四川白鹅（公）、皖西白鹅（公）与太湖鹅（母）杂交，结果表明，杂交组仔鹅的日增重及饲料转化率极显著地高于太湖鹅，而且肉质也优于太湖鹅。杨光荣等（1998）用四川白鹅和凉山钢鹅进行正反杂交，杂交后代 120 日龄体重高于四川白鹅，但与凉山钢鹅无显著的差异。骆国胜等（1998）用四川白鹅（公）与四季鹅（母）杂交，杂交鹅的生长速度极显著高于四季鹅，与四川白鹅相比，也表现出一定的杂种优势。江苏扬州大学利用太湖鹅做母本，产蛋性能较好的四川白鹅做父本，杂交后代再自交，培育出了扬州鹅，肉质和生长速度得到了提高。刘胜军等(2004)用狮头鹅作为父本，籽鹅作为母本进行杂交试验，在同等饲养条件下，狮头鹅与籽鹅杂交一代狮籽鹅的成活率均高于籽鹅，其各阶段的生长速度极显著优于籽鹅，60 日龄狮籽鹅达到 4 000 克，纯繁籽鹅只有 2 800 克。

2. 引进优良鹅种与中国地方良种杂交

我国从国外引进的优良鹅种主要是朗德鹅和莱茵鹅。黄炎坤等(2008)利用莱茵公鹅与四川白鹅母鹅进行杂交试验，7 周龄和 10 周龄杂交鹅的平均体重比四川白鹅分别高 16.49%和 15.22%，说明利用莱茵鹅做父本、四川白鹅做母本是较理想的杂交组合。班国勇等(2011)报道并利用选育后代豁眼鹅作为母本，莱茵鹅作为父本进行杂交，杂交鹅初生重高于纯种豁眼鹅初生重，杂交鹅 30 日龄、90 日龄重明显高于纯种豁眼鹅 90 日龄重，是较理想的杂交组合。王晓明等(2011)用朗德鹅公鹅与四川白鹅、豁眼鹅分别杂交，10 周龄朗德鹅四川白鹅杂交鹅平均体重、成活率和料重比为 3 920 克、96.3%和 1.69 ∶ 1，分别比朗德鹅豁眼鹅杂交鹅高 20.76%、6.7%和 3.43%，差异极显著($P < 0.01$)。

（二）肉仔鹅育肥

1. 放牧育肥

(1)牧场要求　放牧育肥对牧场要求较高，一般要求在水草丰茂的草原、坡地草场、河流滩涂、林间草地、湖边沼泽等野生牧场放牧较为合适。根据牧草生长情况，每亩地可放养 20 ～ 40 只育肥鹅。如果利用人工种植草场，每亩地可放养 80 ～ 100 只。另外，还可以在收获后的稻田、麦田中放牧，采食落谷(麦)，育肥效果明显。对于一些干旱地区的荒漠型草场，不适合仔鹅放牧，否则会破坏草场，仔鹅频繁奔波，增重速度慢。

(2)放牧时间的安排　雏鹅在 10 ～ 15 日龄开始进行放牧训练，刚开始选择天气暖和、无风雨时进行，在上午 8 ～ 9 点和下午 2 ～ 3 点放牧。第一次放牧 20 ～ 30 分，以后逐渐延长放牧时间。1 月龄以后可采用全天放牧，刚开始每天 8 ～ 10 小时，以后逐渐延长到 14 ～ 16 小时，使鹅有充分的放牧采食时间。天气暖和时早出晚归，天气较冷或大风要晚出早归，但要注意早上放牧最早要等到露水干后进行，否则鹅采食到含有大量露水的牧草会引起腹泻，影响到生长。

(3)鹅群的划分　大批饲养肉仔鹅，放牧时要有合适的群体规模。群体太大，走在后边的鹅采食不到足够的牧草，影响生长和群体的均匀度；群体太小，劳动生产率不高，不能完全利用牧草。一般大中型鹅种群体大小以 300 ～ 500 只为宜，最多不超过 600 只；小型鹅种以 700 ～ 800 只为宜，最多不超过 1 000 只。为使鹅群均匀采食、均匀生长，在育雏期间就要控制群体大小，一般在育雏室内头几天应隔成 20 ～ 30 只一群。在育雏期间要定期强弱分群、大小分群，尽量保证育雏结束时生长均匀。

（4）实行轮牧　无论是野生牧场还是人工草场，为了保证牧草的再生利用，避免草场退化，鹅放牧过程中要实行轮牧。实行轮牧要按照鹅群大小，划定固定的草地，每天在一小块上放牧，15 天新草长出后再放牧 1 次。实行轮牧可以保证草地的可持续利用。划定每天放牧草地大小，应根据草的生长情况和鹅采食量来定。每只鹅每天采食青草数量为 1.0 ～ 1.5 千克。

（5）牧鹅技术　鹅是一种生活规律性很强的禽类。放牧鹅群的关键是要让鹅听从指挥，做到“呼之即来，挥之即去”，这就需要使鹅群从小熟悉指挥信号和语言信号，形成条件反射。从雏鹅开始，饲养人员每当喂食、放牧和收牧前，要发出不同而又固定的语言信号，如大声吆喊、吹哨、敲盆等。另外，在鹅群下水、休息、缓行、补饲时都要建立不同的语言信号和指挥信号。牧鹅的另一技术是“头鹅”的培养和调教，“头鹅”反应灵敏，形成条件反射快，其他鹅的活动要看“头鹅”来完成。“头鹅”一般选择胆大、机灵、健康的老龄公鹅。为了容易识别“头鹅”，可在其背部涂上颜色或颈上挂小铃铛，这样鹅群也容易看到或听到“头鹅”的身影或声音，增加安全感，安心采食和休息。牧鹅人员要有耐心，保证鹅群在一定草场区域缓慢行走采食，不要赶着鹅群急行，急行容易引起鹅群吃不饱，掉膘或踩伤。

（6）放牧方法　鹅群在放牧时的活动有一定的规律性，表现为“采食—饮水—休息”周期性循环。鹅群采食习性是缓慢游走，边走边吃，采食 1 小时左右，从外表看出整个食管发鼓发胀，表明已吃饱。这时应赶到水塘中戏水和饮水，然后上岸休息和梳理羽毛，每次下水时间为 0.5 小时左右，上岸休息 0.5 ～ 1 小时后再进行放牧采食。如果草场附近没有水源，可以不游水，但必须喝水，要有拉水车，准备水盆让鹅饮水。鹅休息时，应尽量避开太阳直晒，尤其是夏天的正午，可以在树荫下或搭建的临时凉棚下休息。

在水草丰盛的季节，放牧鹅群要吃到“五个饱”，才能确保迅速生长发育和育肥。“五个饱”是指上午能吃饱2次，休息2次；下午吃饱3次，休息2次后归牧。

(7)补饲　放牧育肥的肉仔鹅，食欲旺盛，增重迅速，需要的营养物质较多，除以放牧采食牧草为主外，还应补饲一定量的精饲料。传统的补饲方法为在糠麸中掺以薯类、秕谷等，供归牧后鹅群采食，这种补饲方法难以满足仔鹅营养需要，上市时间会推迟。建议补饲精饲料改为全价配合日粮，满足能量、蛋白质需要，适当加入粗饲料，使精饲料中粗纤维含量达到6.5%。仔鹅消化粗纤维的能力大大增强，可以使鹅生长迅速，快速育肥，提前上市，而且降低了饲养成本。每日补饲的次数和数量，应根据鹅的品种类型、日龄大小、草场情况、放牧情况来灵活掌握。30～50日龄，每日补饲2～3次；50～70日龄，每日补饲1～2次。补饲时间最好在归牧后和夜间进行。中小型鹅每日补饲量100～150克，大型鹅每日150～200克。在接近上市前10～15天，如发现体躯较小，更要加强补饲，增加补饲次数和喂量，每天3～4次，每只每天200～250克。

(8)放牧鹅群注意事项　①放牧要固定专人，不能随意更换放牧人员，否则很难形成条件反射，不便于放牧。②定期驱虫。绦虫病是放牧鹅群常发病，分别在20日龄和45日龄，用硫氯酚每千克体重200毫克，拌料喂食。线虫病用盐酸左旋咪唑片，30日龄每千克体重25毫克，7天后再用1次，可彻底清除体内线虫。③在青草茂盛草地，可高密度集中放牧；相反，在青草生长不良草地，放牧要分散开进行。这样可以合理利用草地资源。④放牧过程中要仔细观察鹅群精神状态，及时发现问题，归牧后要清点鹅数量。⑤雏鹅刚开始放牧，不要到深水区饮水，防止落水溺死。⑥不要到疫区草地放牧。鸡、鸭的一些烈性传染病，如鸭瘟、鸡新城疫、禽流感、大肠杆菌病等也会传染给鹅。

2. 舍饲育肥

(1)舍饲育肥栏舍　舍饲育肥对栏舍的基本要求是尽量宽敞，能够遮风挡雨，通风采光良好。为了节省投资，鹅舍可以利用闲置厂房、农舍，农村还可以在田间地头搭建简易棚舍。规模化肉鹅养殖，从保护环境和防疫目的出发，肉鹅养殖场应远离村庄及靠近水源，还要交通便利，方便运输饲料及产品销售。规模肉鹅养殖场还应配置一定面积的运动场地，并保证良好的封闭条件。肉鹅养殖场分为办公(生活)区和养殖区，严格隔离饲养。鹅舍间要保持适当的距离，并按照鹅舍面积 2 ～ 3 倍的规格设置运动场。鹅舍应建在背风向阳的平坦或缓坡地带，可利用废弃的旧房或搭建简易棚舍，也可将棚舍建在河、沟边围养。育雏舍要求防寒保暖、宽敞通风。育肥舍可以使用毛竹、稻草、塑料棚和石棉瓦搭建，便于清理消毒。

(2)舍饲育肥的饲喂方法　舍饲育肥饲料以配合饲料为主，饲料中要加入一定量的粗饲料，有条件的适当补充青绿多汁饲料。一般配合饲料蛋白质水平 16.5%，代谢能水平 10.7 兆焦 / 千克，粗纤维水平 6.5%左右，育肥后期要求适当低的蛋白质水平和高的粗纤维水平，有利于仔鹅生长。配合饲料有粉料和颗粒料，增重效果差不多，但喂颗粒料均匀度稍好。喂粉料最好拌湿，便于采食。育肥后期减少青料量，饲喂顺序先精后青，促使仔鹅增膘。

肉用仔鹅舍饲一般采用自由采食，每天白天加料 3 ～ 4 次，夜晚补饲 1 次，自由饮水。

(3)舍饲育肥的管理　舍饲育肥管理的目标是饲养的仔鹅成活率高，生长均匀一致，上市日龄早，产品质量高。为了达到上述要求，要做好以下工作：

1)入舍前分群　育肥前的仔鹅来源不同，个体差异较大，应尽量将同一品种、体重相近的鹅放入同一栏内。注意饲养密度合适，保证均匀生长。对于弱小的仔鹅，切不可放入大群。

2)注意鹅舍的通风　在鹅舍的纵向两端要设置通气口，安装风机，保证舍内空气的新鲜。

3)做好栏舍内的卫生工作　垫草潮湿后要及时更换。定期清洗消毒食槽和饮水器，舍内地面、鹅用具也要定期喷洒消毒。

4)做好疫苗接种工作　除了在育雏期做好小鹅瘟、副黏病毒病的禽流感的免疫接种外，进入育肥期的仔鹅还要做禽流感的二次免疫，在巴氏杆菌病多发地区，也要提前用禽巴氏杆菌苗肌内注射。注意应用巴氏杆菌苗前 1 周和后 1 天，饲料中不能添加抗菌药物，也不能注射抗菌药物。

5)加强运动　舍饲育肥时，运动场设置洗浴池，随时洗浴运动。在河流、池塘边育肥鹅，每天傍晚应放鹅游泳 1 次，时间为 0.5 小时。这样做可以加强运动，增进食欲，还可以清洁羽毛。

(4)牧草种植　鹅是草食性家禽，对青绿饲料与粗纤维的利用率特别高。大规模集约化肉鹅生产在舍饲的情况下，为了降低饲养成本，节约精饲料，需要大量的优质牧草。人工种植牧草具有品质优良、产量高等特点，因此种草养鹅已成为调整畜牧业、种植业产业结构的良好项目。一般在秋季种植的牧草有大白菜、黑麦草、燕麦、紫云英，可供当年冬季和翌年春季利用。每亩草地可供 100 只鹅利用，产草 3 000 ～ 7 500 千克。春季种植牧草为苜蓿、三叶草、聚合草、美国籽粒苋、天星苋、苦荬菜等，夏季即可利用，亩产草 5 000 ～ 8 000 千克，可供 100 只仔鹅利用。鲜草可进行刈割直接饲喂，一般每千克精饲料配 3 千克鲜草。对于盛草期过剩的鲜草，可以晒干或烘干后冬季备用，用时加工成草粉，拌入精饲料中，干草粉的用量占饲粮的 15%左右即可。

3. 冬季养鹅要点

肉仔鹅生产具有季节性，冬季是仔鹅生产的主要时期。冬鹅生长快，肉质好，价格高，而且羽绒品质好，饲养冬鹅比其他季节饲养具有较高的经济效益。冬鹅在饲养管理上要注意以下几点：

（1）以舍饲为主　冬季气候寒冷多变，野外饲草匮乏，适合舍饲育肥，只是在天气暖和的午后适当外出戏水。鹅舍应选择背风、向阳、清静的地方修建，最好靠近水源。房舍设计要防寒、保暖。在南方稍暖和的地方，可以适当在鹅舍附近林地、堤坡地、湖滩地放牧。

（2）选择适宜的品种　冬鹅应选择耐寒、生长快、耐粗饲、抗病力强的品种，最好是当地品种。如四川白鹅、四季鹅、皖西白鹅等都可进行冬鹅生产。另外，也可用四川白鹅和当地鹅种进行杂交来生产肉仔鹅。

（3）准备充足的饲草、饲粮　冬季自然牧草少，需人工种植一定数量的青绿饲料，如青菜、大白菜以及抗寒牧草等。另外，要备足粗饲料米糠、麸皮、草粉等。精饲料可以用全价配合饲料或者用玉米、稻谷加添加剂和矿物质配制。各种干草粉如苜蓿草粉、黑麦草粉等也是冬季养鹅的优质饲料。冬鹅饲养一般每增重 1 千克耗精饲料 2 千克、粗料 3 千克、青料适量。

（三）肉仔鹅育肥工作日程及技术规范

1. 1 日龄

（1）接雏　按强、弱分群放入围栏内，清点鹅数，按 3%～ 5%的比例抽样称重，做好记录。批量育雏时，应分群饲养，每群一个围栏养 50 ～ 100 只。群小效果好。

（2）温、湿度　室温保持 26 ～ 28℃，鹅活动区域温度保持 28 ～ 30℃，相对湿度保持60%～65%，必须维持稳定。

（3）初饮　应在出壳后24小时内进行。雏鹅进入饲养围栏内，部分雏鹅有起身活动和觅食表现，即开始饮水。先在饮水器内盛入20℃左右的口服补液盐或含5%～8%糖水和定量的电解多维。注意防止雏鹅饮水弄湿绒毛着凉。

（4）开食　在初饮后2小时进行，或同时进行也可。开食应用全价配合饲料，传统只用大米、碎米开食很不科学，容易造成营养缺乏。开食还要用鲜嫩清洁的青绿菜叶切成细丝状拌入料中撒喂，或将菜丝撒在雏鹅背上让其他雏鹅采食。1～2日龄都是这样喂。用量一般是1 000只雏鹅1天2～5千克精饲料，5千克青绿饲料，白天喂6～8次，夜间喂2次。开食不宜采用纯干颗粒料或干粉料，适当拌湿饲喂，便于雏鹅采食。开食后要设法让每只雏鹅都饮水、吃上料。

（5）光照要求　雏鹅入舍后前3天，要求24小时连续光照，便于其熟悉环境。

（6）加强管理　昼夜专人值班，做到人不离鹅，鹅不离人。随时观察鹅动态，保持适宜而稳定的室温。雏鹅扎堆，鸣叫不安，表明室温过低，要及时升温。雏鹅张嘴呼吸，表示室温过高，要及时降温和加强通风。严防扎堆出汗，发现扎堆要立即拨开分散。防止贼风或过堂风直接吹到雏鹅身上，喂料的塑料布在鹅每次吃后都应收拾起来，刷干净后再用。发现弱病雏鹅要及时挑出，单圈喂养。严防鼠害。

2.2～3日龄

（1）加强饲喂　白天每2小时喂料一次，夜间喂1～2次，精饲料与青绿饲料（切碎）的比例为1∶1。每顿吃七八成饱。同时添加清洁饮水，水温适宜，不断水。为了防止消化道疾病，从第二天开始在饲料中加喂大蒜汁，用量为1%～5%。用法是：大蒜去皮，捣破后加适量的净水调成蒜汁，将蒜汁与饲料混合并充分拌匀后投喂，每天2～3次。长期坚持更好。

（2）鹅群观察　每次喂料都要观察鹅群动态，发现不食、不动或缩颈垂头的弱病鹅及时挑出，隔离单圈饲养。

（3）免疫接种　对来源不明的雏鹅，应于2～3日龄用抗小鹅瘟血清，逐只皮下注射0.5毫升，或先用小鹅瘟雏鹅用疫苗滴眼、滴鼻，再用抗小鹅瘟血清皮下注射，防治小鹅瘟危害。同时要进行雏鹅新型病毒性肠炎、鹅副黏病毒病的免疫。

（4）保持环境稳定　发现异常及时调整。在保温前提下，搞好通风，防止有害气体危害雏鹅健康。必须保持室内特别是垫料的干燥，搞好环境清洁、卫生。每天清洗饮水器和塑料布一次，打扫一次室内外卫生。

3.4～7日龄

（1）饲喂工作　从第四天开始每天喂料6～8次，其中夜间喂料2～3次，白天喂给青绿饲料比例占60%～70%的混合料，夜间喂不含或少含青绿饲料的配合料，每顿吃八九成饱。用小型饲槽或料盘喂料。填料量不能过多，以免抛撒浪费。每次都要先饮后喂，定时定量，少给勤添。每1 000只雏鹅每天需配合料15千克，青绿饲料37～40千克。青绿饲料必须鲜嫩、清洁、卫生，当天采摘当天吃完，严防腐烂变质。禁喂农药污染的青绿饲料。

（2）温度调整　第五天起，室温可调至25～27℃，昼夜保持稳定。第六天起，鹅群情况良好，天气晴好，风和日丽，室外气温达25℃以上时，可将雏鹅赶到干净、平坦的室外场地活动1小时左右。但要防止夏天的烈日暴晒。

（3）垫料管理　地面平养的垫料必须保持干燥，垫料干燥是雏鹅保健的必要条件。

4.8～10日龄

（1）饲喂工作　配合饲料与青绿饲料用量要逐日增加，每顿都要让雏鹅吃八九成饱，每1 000只雏鹅每天喂配合料20～28千克，青绿饲料80～100千克。

（2）温度调整　室温逐渐降至25℃左右，早晚稍高一些，寒潮大风降温时期要适当增温，让雏鹅感到舒适为度。

（3）卫生工作　每天清洗饲槽、饮水器一次。

（4）放牧与放水　雏鹅10日龄后，条件适宜可放牧与放水。天气晴暖上午放牧1小时，放水10～15分，随日龄增长可每天1～2次，原则"上午晚出晚归，下午早出早归"。

5.11～14日龄

（1）降温扩群　室温逐渐降至24～23℃，寒潮大风降温时期要适当增温，让雏鹅感到舒适为度。调整饲养密度，1米^{2}以10～14只为宜。

（2）饲喂工作　青绿饲料从11日龄开始逐渐增至总日粮的80%～95%，每顿都让鹅吃饱。从第十一天起在室内设置沙盘或沙，添入洗净的绿豆粒大小的沙粒，让鹅自由采食，帮助消化。

（3）多观察　每次喂料特别是早上开圈喂料要仔细观察鹅群动态，发现异常或弱病鹅及时挑出，单独强化饲养。

（4）减少光照　白天停止光照，夜间喂料光照，吃完停止光照。

（5）称重　14 日龄开始，每周抽样称重 1 次，做好记录，根据生长情况分析原因，及时调整饲养管理工作。

（6）加强卫生管理　随着日龄增大，采食量、饮水量和排粪量也日益增多，环境污染严重，每天加强环境清扫，保持清洁和干燥，特别是垫料要勤换勤添或保持干燥。按时搞好消毒与卫生防疫，防止雏鹅瘟与鹅副黏病毒、鹅球虫病、禽出败。

6. 15 ～ 21 日龄

（1）饲喂工作　配合饲料白天喂 5 ～ 7 次，夜间喂 1 ～ 2 次，喂时开灯，吃完关灯，昼夜不断饮水。雏鹅消化能力增强，可将切碎的青绿饲料单独饲喂，任其吃饱。

（2）增加活动量　撤去小围栏，增加室内活动面积。室内室外温度基本平衡，天气晴好，可将雏鹅放到室外运动场上活动，活动时间由短到长，逐渐延长。如有条件放牧，可让雏鹅放牧觅食青草，放牧的距离由近及远，逐渐延长。严防烈日暴晒，往返不能急赶。青饲料充足，可完全舍饲。

（3）注意天气变化　雏鹅的绒毛开始脱换，自身的御寒能力仍较弱，室温应保持 20 ～ 22℃，大风降温时期，还要适当增温，早晚更要适当增温。正常天气，关闭门窗，室温能保持 20℃左右即可停止供温，异常天气可适当增温。

（4）分群　规模养鹅，开始分群饲养，每群 100 ～ 150 只，将体重大小差别不大的组合为若干群，体重较轻者，另组一群加强饲养管理，促使其加速生长。

7. 22 ～ 28 日龄

（1）饲喂工作　在室内喂配合饲料，白天喂 5 ～ 6 次，夜间喂 1 ～ 2 次，喂料时开灯，吃完关灯。天气正常时，白天将雏鹅放到运动场上活动并投喂青绿饲料，任其吃饱。有放牧条件者可适当放牧，注意放牧安全。

（2）环境控制　及时调整饲养密度，1 米^{2}10 只左右。寒潮降温时期，室内仍要关闭门窗保持适宜的温度，早晚更要注意保温。室外气温偏低时不要放出活动或放牧。鹅吃青绿饲料多、排粪多，应勤换或勤添垫料，保持干燥，每天打扫 1 ～ 2 次室内外环境卫生。

(3)增加洗浴时间　有条件时可让鹅下水洗浴，水池坡度应适度，便于鹅群下上。水质必须卫生，最好经常换水。

(4)育肥舍准备　25 日龄前后必须按照准备育雏室的工作标准，准备好育肥舍(中鹅舍)。

(5)驱虫　喂水草者，应在 25 日龄前后对全群鹅进行一次投药驱除体内寄生虫工作(主要是绦虫)。

8. 29 ～ 35 日龄

(1)转群饲养　28 日龄抽样称重，准备转入育肥鹅舍，清点鹅数，计算育雏率和全群平均体重，若体重过轻，要分析原因，及时做出改进措施，做好记录。及时转入中鹅舍，按体重大小重新组群，按 1 米^2 5 ～ 7 只的饲养密度进行饲养。体重轻者单群加强饲养，促使快长。

(2)饲料更换　从 29 日龄起换成中鹅饲料，每天白天喂 4 ～ 5 次，夜间喂 1 次，喂料时开灯，吃完后关灯。配合饲料用量逐日增加，让其吃饱。改换饲料要有 3 天过渡期，即每天更换 1/3 的饲料。此周是仔鹅快速生长高峰期，配合饲料喂量应逐日增加，保证生长需要。

(3)哺喂青料　除阴雨天外，每天都在运动场上投喂青绿饲料，尽量满足其需要。鹅的消化道容积增大，采食量日益增加。青绿饲料要切成 2 ～ 4 厘米长，放在运动场的槽内饲喂，使其吃饱，满足需要。

(4)洗浴　有水上运动场的，每天让鹅群自由下水洗浴若干次，保持羽毛光洁，促进羽毛生长，水要经常更换，保持清洁卫生。没有水上运动场的，饮水器内不能断水，而且要常饮常新。

(5)舍内卫生　勤换或勤添垫料，保持垫料干燥，利于鹅群休息和健康。室内每天打扫 1 次，运动场每天打扫 2 次。

(6)称重　35 日龄抽样称重，求出平均重，对照参考标准，不达标者，分析原因，及时采取有效措施，做好记录。

9. 36 ～ 42 日龄

(1)饲喂工作　本周是雏鹅快速生长发育高峰持续期，必须尽量满足营养需要，每天饲喂配合饲料 4 ～ 5 次，青绿饲料要充分供给，但每次都要吃完。

(2)环境卫生　勤换或勤添垫料，舍内每天打扫 1 次，运动场打扫 2 次，经常保持环境清洁、卫生、干燥。

（3）洗浴　有条件的每天让鹅群在干净池中洗浴若干次，以保持羽毛光洁，促进羽毛生长。

（4）称重　42 日龄抽样称重，了解生长情况，对体重不达标的鹅群，加强饲养，促其达标，做好记录。

10. 43 ～ 49 日龄

（1）饲喂工作　本阶段是仔鹅生长最快阶段，必须针对这一特点充分供给配合饲料和青绿饲料，促其快速增重，争取早日出栏。每天饲喂配合饲料 4 ～ 5 次，夜间 1 次，青绿饲料充分供给，不断饮水。其他饲养管理工作同前。

（2）称重　49 日龄抽样称重，了解生长情况，对照参考标准，对体重不达标的鹅分群，加强饲养，促其达标，做好记录。

（3）环境卫生　保持环境清洁、卫生、干燥和安静，让鹅群吃好喝足，休息好增重快。

（4）增加洗浴　有条件的每天让鹅群在干净水池中洗浴若干次，促进肉、膘、毛同步增长。

11. 50 ～ 56 日龄

（1）饲喂工作　本周仍是仔鹅生长高峰期，必须为鹅创造一个清洁、卫生、干燥、安静的生活环境条件，促其多吃，快长。每天饲喂配合饲料 4 ～ 5 次，夜间喂 1 次，让其吃饱，青绿饲料要充分满足需要。其他日常管理工作同前。

（2）称重　56 日龄抽样称重，了解生长情况，参照标准，改进饲管工作，促其达标，做好记录。

（3）洗浴　有条件者让鹅群每天在干净水池中洗浴若干次，促进羽毛生长。

12. 57 日龄至出栏

（1）饲喂工作　每天饲喂配合饲料 3 次，夜间 1 次，每天的饲喂量由多到少，逐渐递减，但青绿饲料仍需充分供给。其他日常管理工作同前。

（2）环境控制　继续加强清洁、卫生、干燥、安静等环境条件的管理工作，促其充分生长，达到最佳体重，膘肥毛丰，保持优良体态和健康水平，争取实现高产、优质、高效的目标。

（3）出栏　若体重达标或符合市场需要，63 日龄全群称重，上市出售，总结全程工作，以利再创佳绩。若要继续饲养若干天，可按本周工作内容重复 1 次，即10周龄仍按9周龄的工作内容重复一遍。

二、鹅肉及屠宰副产品加工技术

（一）鹅肉的加工与开发

1. 鹅的屠宰工艺

（1）宰前处理　活鹅经过收购、运输等过程，容易发生应激反应，直接屠宰会影响到胴体的品质。活鹅运到屠宰场后，应给予12～24小时的充分休息，供给清洁的饮水，不供给饲料，这样彻底排空胃肠道的内容物，减少屠宰过程中对肉质的污染。待宰的肉鹅应从运输笼中抓出，放于水泥地面，注意保证有充足的水槽，防止因抢饮水而发生挤压死亡。有条件的屠宰场，鹅在宰杀前应进行清洗，方法是在通道上设置淋浴喷头，鹅群通过时完成清洗。

（2）放血　放血要求部位准确，切口小而整齐，保证屠体美观，同时要保证放血充分。

1）颈部放血法　又称为切断三管法。即从鹅的喉部用利刀切断食管、气管和两侧血管。这种方法操作简单，放血充分，死亡较快；缺点是刀口暴露易扩大，易造成微生物污染，而且胃内容物会污染血液。颈部放血法要求切口越小越好，注意要同时切断颈部两侧血管。这种放血方法不适合整鹅的加工，一般适合分割鹅肉和罐头的加工。

2）口腔放血法　先将鹅两脚固定倒挂于屠宰架上，一手掰开鹅的上下喙，另一手持手术刀伸入鹅口腔至颈部第二颈椎处，刀刃向两侧分别切断两侧颈总静脉和桥状静脉连接处，随后抽回刀将刀尖沿上颚裂口扎入，刺破延脑，加速死亡。口腔放血法优点是鹅颈部无伤口，胴体外观好，不易受到污染，适合烧鹅、烤鹅等整鹅加工。操作时应注意练习宰杀位置和手法，尽量加快鹅死亡。

（3）浸烫拔毛　鹅放血致死后要立即进行浸烫拔毛。浸烫要严格掌握水温和浸烫时间，一般肉仔鹅水温控制在65～68℃，时间为30～60秒。老龄鹅水温控制在80～85℃，时间同仔鹅。具体水温和时间应根据鹅的品种、年龄、季节灵活掌握，保证鹅皮肤完好、脱毛彻底，而且毛绒不变色、不卷曲抽缩。浸烫时要不断翻动，使身体各部位受热均匀。手工拔毛时先拔去翼、尾部大毛，然后顺羽毛生长方向拔去背部、胸部和腹部羽毛，分类收集。最后清理细小纤毛。脱毛机脱毛容易使胴体和羽毛受到损伤，降低利用价值，要正确操作，才能减少损失。

(4)去绒毛　鹅体烫拔毛后，残留有若干细毛毛茬。除绒方法：一是将鹅体浮在水面(20～25℃)用拔毛钳子从头颈部开始逆向倒钳毛，将绒毛和毛管钳净；二是脱毛蜡拔毛，脱毛蜡拔毛要严格按配方规定执行，操作得当，要避免脱毛蜡流入鹅鼻腔、口腔，除毛后仔细将脱毛蜡除干净。

(5)净膛　净膛的过程就是去除鹅的内脏。净膛时，刀口一般在右翅下肋部，开口7厘米左右。在掏出内脏前，在肛门四周剪开，剥离直肠和肛门，然后连同肠道一块从肋下切口取出。取出心、肝、脾、肠、胃等内容物后，用清水将腹腔冲洗干净。

(6)整形冷藏保鲜　将净膛后的白条鹅放在清水中浸泡0.5～1小时，除尽体内血污，冲洗后悬挂沥干后冷藏上市或深加工。

2. 盐水鹅的加工技术

盐水鹅是南京特产之一，特点是加工方法简单，腌制期短，味道咸而清淡，肥而不腻，口感香嫩，风味独特。盐水鹅的加工方法如下：

(1)原料准备　选用60～90日龄肉仔鹅，宰杀后拔毛，切去脚爪和小翅。右翅下开膛去除全部内脏，体腔冲洗干净，放入冷水中浸泡1小时后，清洗挂起晾干待用。另准备食盐、八角、葱、姜等必需品。

(2)擦盐　每只鹅用盐150～160克、八角4～5克，将盐和八角研磨成粉放入铁锅中炒熟(最好用细盐)。先取3/4的盐放入鹅体腔中，反复转动鹅体使体腔中布满食盐。剩下的盐涂擦在大腿外部、胸部两侧、刀口处，口腔也应放一点食盐。在大腿上擦盐时，要用力将腿肌由下向上推，使肌肉与骨骼脱离，便于盐分进入肌肉。

(3)抠卤　擦盐后的鹅体逐只放入缸中或堆码在板上进行腌制。夏秋季经过2～4小时，冬春经过4～8小时，经过盐腌后的鹅体内部渗出水分增多，要适时取出倒掉体内盐水。方法是一手抓鹅翅、颈，使鹅头颈向上，另一手打开肛门切口，盐水即可顺利排出。

(4)复卤　第一次抠卤后，重新放入缸中，经过4～5小时后，用老卤再腌制1次。老卤配制：100千克水中加盐50～60千克，煮沸后配制饱和盐溶液，加入八角300克，鲜姜500克。将鹅体浸入老卤中24～36小时。

(5)烘干或晾干　复卤后出缸，沥尽卤水，放在通风良好处晾挂。烘干方法是用竹管插入肛门切口，体腔内放入姜、葱、八角，在烤炉内烘烤20～25分，鹅体干燥即可。干燥后的鹅体可长期保存或煮制食用。

（6）煮制　水中加入姜、葱、八角后烧开，然后停止烧火，将腌好烘干的鹅体放入锅中，反复倒掉体腔中的汤水，使内外水温均匀，然后浸泡 20 ～ 30 分。接下来开始烧火，烧至起泡，水温约 85℃时，停止烧火。这段操作称作第一次抽丝。然后将鹅提起，倒掉体内汤水，放入锅中，浸泡 20 分后，开始烧火进行第二次抽丝。然后提鹅，倒掉体内汤水，焖煮 5 ～ 10 分，起锅冷却后切块食用。

3. 广东烧鹅的加工技术

（1）原料的准备　烧鹅一般选取 60 ～ 70 日龄、体重 2.25 ～ 3 千克的仔鹅。此期仔鹅肉质细嫩，容易烧熟，口感好。体躯太大和老龄鹅不宜烧烤。另外，还要准备好盐、五香粉、白糖、饴糖稀（或用麦芽糖）、豉酱、芝麻酱、白酒、麻油、葱、蒜、生抽等调味品。

（2）制坯　仔鹅口腔放血屠宰后褪毛，在腹部靠近尾侧开膛除去全部内脏，切去脚和小翅，洗净体腔和体表，沥干水分待用。

（3）加料　调料配制，五香盐粉按盐 10 份、五香粉 1 份配制，每 100 千克鹅坯需五香盐粉 4.4 千克；酱料需豉酱 1.5 千克，蒜泥 200 克，麻油 200 克，盐 20 克，搅拌成酱。然后再加入白糖 400 克，白酒 50 克，芝麻酱 200 克，葱末、姜末各 200 克，混合均匀，供 100 千克鹅坯用。

按每只鹅用量从腹部开口加入五香盐粉和酱料，转动鹅体使之均匀分布或用小勺伸入腹腔进行涂抹。将刀口缝合，然后用 70℃热水烫洗鹅坯，注意不要让水进入体腔。最后将稀释后的饴糖稀或麦芽糖糊均匀涂抹于体表，使之在烤制中易于着色。

（4）烤制　把晾干的鹅坯送进特制烤炉，先用微火烤 20 分左右，烤干体表水分，然后大火继续烤制。烤制过程中，先烤鹅背，再烤两侧，最后将胸部对着炉火烤 25 分即可出炉。炉火温度应达到 200 ～ 230℃，整个烤制过程需 60 ～ 70 分。

（5）出炉食用方法　当鹅体烤至金红色时出炉，在烧鹅身上涂抹一层花生油。稍凉时食用味道最佳，切片装盘直接食用。切片时刀工较为讲究，在宴会上应拼成全鹅形状装盘。

4. 烤鹅的加工技术

烤鹅与烧鹅在加工过程中都需进行烤制，不同之处是烤鹅在烤制中，要在体腔中灌汤，外烤内煮，食之外脆里嫩，风味与烧鹅有一定差异。各地均有烤鹅加工，但以南京烤鹅较为有名。

(1)原料准备　选取 60 ～ 70 日龄、体重 2.5 ～ 3 千克育肥仔鹅。另需配料有盐、葱、姜、八角、饴糖稀等。

(2)制坯　仔鹅口腔放血宰杀后褪毛，切去脚和小翅，在右翅下肋部切口开膛，去除全部内脏，清水中浸泡 1 小时后洗净，沥干水分备用。

(3)淋烫　将鹅坯自颈部挂起，用沸水浇淋晾干后的鹅体，使全身皮肤收缩、绷紧。

(4)挂色　饴糖稀和水按 1 ∶ 5 调匀做挂色料，待淋烫的鹅体表干后均匀涂抹于皮肤各个部位，置于通风处晾干饴糖稀。

(5)填料　用竹管填塞肛门切口，从右翅下切口放入适量的盐、八角、葱、姜等配料。

(6)灌汤　向鹅体腔中灌入 90 毫升 100℃沸水，保证鹅坯烤制时能迅速汽化，加快烤鹅成熟。灌汤后烤制，达到外烤内煮，食之外脆里嫩。灌汤后可再涂抹 2 ～ 3 勺糖色。

(7)烤制　烤炉温度控制在 230 ～ 250℃，先将右侧切口对着炉火，促使腹腔内汤汁迅速升温汽化。右侧鹅体呈橘黄色后，转动鹅坯，烘烧左侧。左右两侧颜色一致后，转动鹅坯，依次烘烤胸部、背部。这样反复烘烤，待全身各部均匀一致呈枣红色时，即可出炉。整个烤制过程需 50 ～ 60 分。

(8)食用方法　烤鹅出炉后，拔掉肛门中竹管，收集体腔中的汤汁。烤鹅稍放一会儿不烫手时，切块直接食用或浇上汤汁食用。烤好的鹅最好立即食用，冷鹅回炉经短时间烤制，仍可保持原有风味。

5. 糟鹅的加工技术

糟鹅是以 60 ～ 70 日龄仔鹅为原料，用酒曲、酒糟卤制而成。江苏省苏州市是传统糟鹅的主要产地。苏州糟鹅以当地太湖鹅仔鹅为原料，皮白肉嫩，醇香诱人，味道清淡爽口，为夏季时令佳肴。

(1)原料准备　选用 2.0 ～ 2.5 千克重育肥仔鹅，颈部放血、去毛，腹部开膛去除全部内脏，浸泡 1 小时后清洗干净，沥干备用。每 50 只鹅准备陈年香糟2.5千克、黄酒3千克、大曲酒250克、葱1.5千克、姜200克、花椒25克。

(2)煮制　将沥干后的鹅坯依次放入铁锅中，加清水全部淹没，用旺火煮沸，去除浮沫。随后加入葱块0.5千克、姜片50克、黄酒0.5千克，中火煮40～50分后捞出。

(3)造型　鹅出锅后，身上均匀撒少许细盐，先将头、脚、翅斩下，再沿身体正中剖成两半。冷却备用。注意应放置于干净消毒的容器中。

(4)糟卤配制　煮鹅后原汤去除浮油，然后趁热加入剩余的葱花、姜末、食盐、花椒，再加入酱油0.75千克，冷却后加入黄酒2.5千克备用。

(5)糟制　备好糟缸，先放入糟卤汤，然后把斩好的鹅肉、脚、头、翅分层装入，每放两层加一次大曲酒，放满后大曲酒正好用完。在糟缸上扎双层布袋，布袋中放入带汁香糟2.5千克，让糟汁过滤到糟缸内，慢慢浸入鹅肉中。待糟汁滤完后，缸口加盖密封4～5小时，即可出缸食用。

(6)食用方法　鹅肉切块装盘冷食，醇香诱人。鹅脚、鹅头、鹅翅分别单独装盘，风味不同。

6. 酱鹅的加工技术

酱鹅是将鹅肉用盐、酱油腌制而成，易于保存。食时上笼蒸制，具有酱香浓郁、味美适口、肉色红润等特点。酱鹅各地均可加工，最佳加工季节为每年的冬季，仔鹅、老鹅均可加工。

(1)原料准备　选取健康无病、肥瘦适中的活鹅，颈部放血后褪毛，腹部切口去除内脏。切除鹅脚，洗净沥干备用。按每只鹅准备盐90克、八角3克、花椒3克、白糖30克、酱油250克。

(2)盐腌　用盐将鹅体表、切口、体腔、口腔充分涂擦，放入木桶或缸中腌制。腌制时间冬天气温0℃时1～2天，气温高于7℃或其他季节6～12小时。气温越高，所需时间越短。

(3)酱腌　盐腌后鹅体挂起晾干，然后放入腌缸中，倒入准备好的酱油浸没鹅体，加入其他调料。在气温低于7℃时，腌制3～4天，中间翻动1次。夏季1～2天即可出缸。

(4)上色　经盐腌和酱腌的鹅体已经过初步上色，挂起晾干。然后将酱腌后的酱油放入锅中煮沸，稍稠后舀酱汁浇于鹅体上色，反复数次后呈红色，挂在阳光下晾晒2～3天。挂于阴凉通风处收藏。

(5)食用方法　适当冲洗后上笼蒸制，40 ～ 50 分出笼，老龄鹅延长蒸制时间。蒸制时最好切块，配姜末、葱花。冷却后切片食用。

7. 熏鹅的加工技术

熏制是传统的禽肉加工方法。重庆熏鹅是有名的熏鹅产品，其特点是外形美观、色泽红亮、便于贮存、肉味鲜美、风味独特。

(1)原料准备　选取 2.5 ～ 3.5 千克肥嫩仔鹅，宰杀，褪毛，沿中线将胸腹腔剖开，去除内脏，浸泡 1 小时，冲洗干净沥干备用。香料粉配制，用等量白胡椒、花椒、肉桂、丁香、八角、砂糖、陈皮、桂皮等磨细。每 10 份食盐加 1 份香料粉拌匀组成调味盐。每只鹅用调味盐 100 克左右。熏料用干燥的山毛榉、白桦、竹叶、柏枝等。

(2)腌制　将调味盐均匀涂抹在鹅坯全身各部，包括切开后的体腔内侧。然后将多个鹅坯背向下平放入腌缸中，腌制时间，夏秋季 1 ～ 3 小时，冬春季 9 ～ 12 小时。起缸后用竹片加撑，挂于通风处晾干。

(3)熏制　晾干后的鹅坯平放在熏床上熏烤，熏床设置在背风处，忌用明火烤，以免烧焦鹅坯。熏烤时烟势要大，应不时翻动鹅坯，使各部位熏烤一致，颜色均匀。当鹅坯各部位呈棕色时停止，需时间 20 ～ 30 分。熏好的鹅坯冷却后可长期保存。

(4)食用方法　用温热清水洗去烟尘，放入蒸笼内，大火蒸 30 ～ 35 分。出笼冷却，涂抹花生油，切块装盘食用。

8. 板鹅的加工技术

板鹅为腌制品，可以长时间存放而不变质，而且便于远距离运输和销售。加工板鹅所需设备少、投资少，适合在养鹅地区推广。板鹅加工步骤如下：

(1)制坯　选取当年育肥仔鹅，屠宰后煺毛，腹部切口取出全部内脏，顺肘关节割下两翅，在跗关节处割下两脚掌。清洗干净后沥干。

(2)擦盐　细盐加适量花椒粉炒干，炒盐冷却后备用。每只鹅用盐 200 ～ 300 克。将鹅坯背朝下平放木板上，用 2/3 炒盐反复揉搓胸、腿、翅、颈以及体腔，剩余 1/3 揉搓背部，嘴中放入少量盐。擦盐注意不要抹破皮肤。

(3)腌制　将擦好盐的鹅坯背部向下堆码在缸中，顶部用石块压紧。经过 8 ～ 10 小时腌制后，倒掉污盐水和污血水，加入卤盐水浸腌 24 小时。卤盐水盐浓度达到饱和，里面加入适量八角、生姜等调味品。

(4)漂洗　鹅浸入30℃温水中漂洗2～3次，洗净盐水，拉平皮肤皱褶。

(5)造型、系绳　板鹅由腹部开膛，用竹片撑开，造型呈桃月形，鹅皮绷紧。因鹅体大、肌肉厚、脂肪多，为方便运输、销售，可在鹅的下体前1/3处和后1/3处钻孔系绳，便于携带和悬挂，再配以塑料袋和硬纸盒进行外包装，使造型美观。

(6)干燥　板鹅是腌腊制品，含水量应低于25%。干燥方法有自然晾干法和人工干燥法。自然干燥一般适合冬季加工，选晴天在室外晒架上晒晾，挂在通风处，约需10天。人工干燥为通过鼓风机吹干或微热烘干，约需1天，最后再挂于通风处经2～3天，彻底达到失水要求。

(7)成品分级　根据鹅的品种、年龄、肥瘦程度及腌制后的色、香、味、形等逐个分级分装。

(8)附件加工　加工板鹅的同时，将鹅胃、鹅肝、鹅掌、鹅翅、鹅肠、鹅血、鹅毛进行一系列综合加工，可提高经济效益。

（二）鹅内脏的开发利用

可以利用的鹅内脏主要包括鹅肫(鹅的肌胃)、鹅肠和鹅心。

1. 鹅肫

鹅肫较鸡肫、鸭肫大，肌肉层厚实，可以加工成风味食品鹅肫干。加工工艺如下：

(1)原料准备　鹅肫剖开去除内容物和角质层，用清水冲洗干净。另准备食盐(每100个鹅肫用盐0.75千克)和细麻绳。

(2)腌制　将食盐均匀撒在鹅肫表面，分层放置在盆中腌制，经12～24小时即可腌透。夏季腌制时间短，冬季时间长。

(3)穿绳　将腌好的鹅肫用细麻绳穿起，每10～12个为一串，挂起在日光下晒干。夏季晒3～5天，冬季7～10天。

(4)整形　晒至七成干的鹅肫要进行整形，将鹅肫平放在木板上，用木棒或刀面用力按压，使两块较高的肌肉成扁平，美观而且方便包装运输。压扁后的鹅肫继续晒1～2天，然后挂在室内阴凉干燥处保存。最长可保存6个月。

(5)食用方法　用冷水浸泡1～2小时，使鹅肫干变软，然后清洗干净后放入冷水锅中，烧火直至煮沸，大火煮10分，改为微火焖煮50～60分即可起锅。冷后切片食用，口感脆、韧，味美可口，回味无穷。

2. 鹅肠

鹅肠营养丰富，食之鲜嫩可口，在宴会上可加工成高档菜肴。著名鹅肠菜肴为快炒鹅肠，其烹饪方法如下：

（1）鲜肠处理　取现宰鹅肠，去除胰脏。用剪刀剖开使肠壁外翻，冲洗干净内容物。加少量水放入盆中，用明矾、粗盐搓洗，除去肠黏膜及污物。用清水清洗数次后用沸水烫 1 ～ 2 分即成半成品。

（2）烹饪方法　鹅肠切成小段，蒜苗切段，姜切末，另准备盐、黄酒、清油、味精少许。将清油烧透后，先加入鹅肠炸炒 1 ～ 2 分，然后放入姜末、蒜苗炒 1 ～ 2 分，再加盐、酒和适量花椒粉，最后加味精出锅。特点是脆而不烂，风味独特。

3. 鹅心

鹅心的食用方法很多，可以鲜炒、卤制等，也可以加工成盐心干。

（三）鹅骨的开发利用

1. 鹅骨肉泥的加工

鹅肉分割去掉胸肌、腿肌、翅膀、头颈后，剩下的带肉骨架是加工鹅骨肉泥的主要原料。鹅骨能提供优质的钙、磷等矿物质，骨髓中含有丰富的营养物质，加工而成的鹅骨肉泥色泽清淡，组织细腻，口感良好。在饺子、香肠、包子中添加适量鹅骨肉泥，可以提高营养价值，特别适合钙、磷缺乏的老年人、儿童食用。据报道，鹅骨肉泥干物质中含粗蛋白质 31.2%、粗脂肪 48.4%、钙 6.5%、磷 1.0%。鹅骨肉泥加工方法如下。

（1）清洗　将去掉胸肌、腿肌、翅膀、头颈后的骨架用清水冲洗干净，去除血污。

（2）切碎　将整块鹅骨架放入刨骨机中，切成小块。

（3）粉碎　将小块鹅骨放入碎骨机中，进行粗粉碎。

（4）搅拌　将粉碎后的碎骨连同碎肉一同在搅拌机中搅拌均匀。

（5）研磨　在磨骨机中长时间研磨，为防止升温，要加入冰块。最后产品为细腻的骨肉泥。

2. 鹅骨粉的加工

食用熟食鹅肉废弃的鹅骨可以用来加工成骨粉。骨粉可用作优质钙、磷饲料原料。其生产工艺如下：

（1）蒸煮　将鹅骨放入高压蒸汽锅内，高温高压下蒸煮 2 ～ 3 小时，使鹅骨彻底脱脂，最后使油脂、水、骨分离。

(2)干燥　脱脂后的鹅骨可以在烘干机中烘干或在太阳光下晒干。

(3)粉碎　蒸煮干燥后的鹅骨变得松脆，很容易粉碎，根据不同需求可加工成不同粒度。

（四）鹅血的开发利用

1. 食用

鹅血嫩而鲜美，可供食用。鹅血中蛋白质含量高，赖氨酸丰富。将新鲜鹅血与 2 ～ 3 倍的淡盐水充分搅拌混合，稍经蒸熟后即可食用。加工出来的鹅血块味鲜质嫩，适口性好，为广大消费者所喜好。国外还将鹅血加到香肠和肉制品中，来改善肉制品的色泽和味道。

2. 生产高免血清

成年鹅在屠宰前接种小鹅瘟疫苗，屠宰后每只鹅可提取 30 ～ 50 毫升高免血清，用来预防和治疗小鹅瘟，减少因感染小鹅瘟病毒而造成的死亡和损失。

3. 提取医用药品

鹅血白蛋白是一种用途广、人体易吸收的药用基料。鹅血中还含有某种抗癌因子，现已肯定，用鹅血治疗恶性肿瘤是一种有效的方法。上海生产的鹅全血抗癌药片，已被国家批准正式生产。该药治疗食管癌、胃癌、肺癌、肝癌等恶性肿瘤有效率达 65%；对各种原因引起的白细胞减少症的治疗，有效率为 62.8%。鹅血药片和鹅血糖浆对老人、妇女以及身体虚弱者也有明显的益处。

4. 饲料

屠宰场大量的废弃鹅血经喷雾干燥后是一种良好的蛋白质饲料，主要用于肉鸡和肥猪。

（五）鹅油的开发利用

鹅的脂肪熔点较低，不饱和脂肪酸含量丰富，容易被人体消化吸收，同时还具有独特的香味，是黄油以外最好的动物脂肪。食用鹅油要除去血污，进一步精炼。肥肝鹅屠宰取肝后，腹部积累了大量的脂肪，是鹅油的主要来源。据测定，小型太湖鹅育肥结束后脂肪有 400 ～ 500 克，大型鹅可达 1 千克以上。

鹅油除食用外，还可按 1.5%～ 2.0%的比例加入肥肝鹅填饲饲料中，其填肥效果更理想，促使肥肝快速增大。

（六）其他副产品的开发利用

1. 鹅羽翎

鹅的主翼羽和副主翼羽统称为鹅羽翎。从鹅翅尖稍往里，第 1 ～ 3 根称尖梢翎，第 4 ～ 10 根称刀翎，第 11 ～ 21 根称窝翎。鹅羽翎羽茎粗硬，轴管长而粗，适合加工各种工艺品、装饰品，如羽毛扇、羽毛画、羽毛花等。另外，用鹅羽翎制作羽毛球，品质优良，在国际市场上普遍受到欢迎。鹅羽翎利用后的次品，经过处理可以加工成优质饲料和肥料。

2. 鹅胆和鹅脑

鹅胆可以用来提取去氧胆酸和胆红素。去氧胆酸能使胆固醇型胆结石溶解，是治疗胆结石的重要药物。胆红素是一种名贵中药，可用以解毒。鹅脑营养丰富，除具有较高食用价值外，还可以提取激素类药物。

3. 鹅脚皮

鹅脚皮经过剥离、鞣制后，可以用来制作表带、钥匙链等，具有厚薄均匀、细致柔软、抗拉性强等特点，而且外观独特，样式新颖，时髦畅销。另外，鹅脚是制作高档菜肴的原料，而且供不应求。

三、鹅羽绒标准化生产技术

（一）鹅羽毛的生长规律

现以太湖鹅仔鹅期羽毛生长情况为例，说明鹅羽毛的生长规律，供参考（表 58）。

表 58　太湖鹅仔鹅期羽毛生长情况

俗名	日龄	羽毛变化概况
收身	3 ~ 4	全身绒毛稍显收缩贴身，显得更精神
小翻白	10 ~ 12	绒毛由黄变浅，开始转白色
大翻白	20 ~ 25	绒毛全部变成白色
四搭毛	30 ~ 35	尾、体侧、翼基部长出大毛
滑底	40 ~ 45	腹部羽毛长齐
头顶光	45 ~ 50	头部羽毛长齐

续表

俗名	日龄	羽毛变化概况
两段头	50 ~ 60	除背腰外，其余羽毛全长齐
交翅	60 ~ 65	主翼羽在背部相交，表明羽毛已基本成熟
毛足肉足	70 ~ 80	羽毛全部成熟，并开始第二次换毛

应该强调指出，羽毛的生长发育是与整个机体的发育和新陈代谢伴行的。在鹅的日粮中，既要注意羽毛的营养需要，又要注意整个机体的营养需要。机体营养不良时，羽毛生长缓慢，但优于肌肉和脂肪的生长。所以，肉用仔鹅的正确饲养是让羽毛、肌肉和脂肪相伴增长。

（二）鹅羽毛的类型和特征

鹅羽毛的形态见图 68。

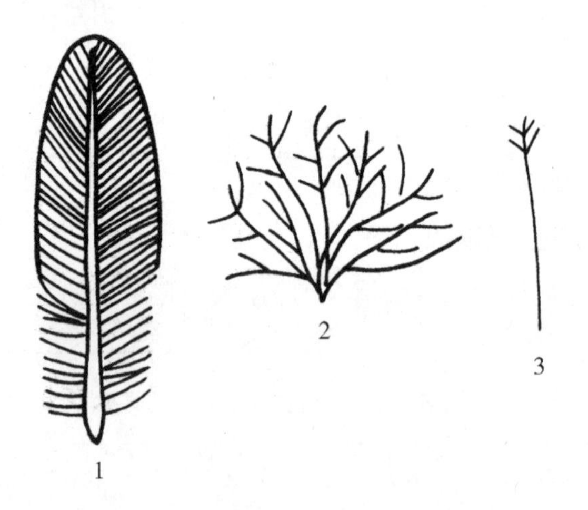

图 68　鹅羽毛形态

1. 正羽　2. 绒羽　3. 纤羽

绒羽是构成商品羽绒的最主要成分，也是品质最优的羽毛。羽绒根据生长发育程度和形态的差异，又可分为以下几种类型。

1. 毛片

毛片是羽绒加工厂和羽绒制品厂能够利用的正羽。其特点是羽轴、羽片和羽根较柔软，两端相交后不折断。生长在胸、腹、肩、背、腿、颈部的正羽为毛片。毛片是鹅毛绒主要的组成部分，占 70%～80%。毛片形态见图 69。

图 69 毛片的形态

2. 朵绒

生长发育成熟的一个绒核放射出许多绒丝，并形成朵状，见图 70。朵绒是完全成熟的绒羽，绒核细小，而绒丝长而柔软，因此朵绒是羽绒中品质最好的部分。

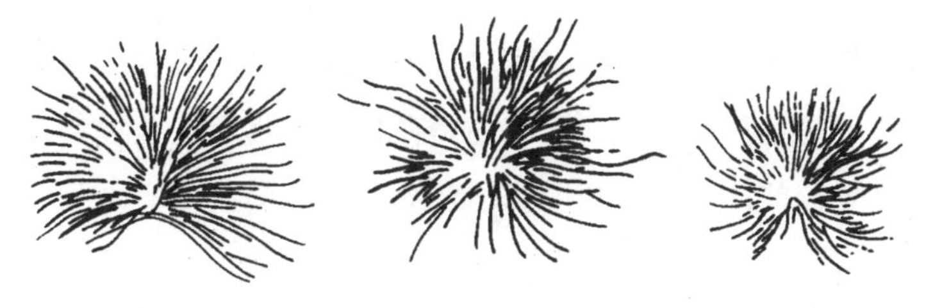

图 70 朵绒的形态

3. 伞形绒

指未成熟或未长全的绒羽，绒丝尚未放射状散开，呈伞形，见图 71。伞形绒完全发育成熟后就会转化为朵绒，因此鹅的屠宰日龄要掌握好，避免过多的伞形绒出现。鹅活体拔毛也好控制好拔毛间隔，绒羽从再生到完全成熟至少要 45 天。

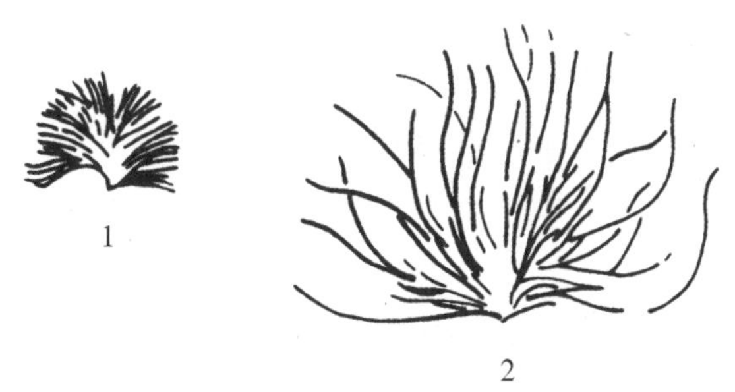

图 71 伞形绒的形态

1. 未散开 2. 已散开

4. 毛形绒

指羽茎细而柔软，羽枝细密而具有小枝，小枝无钩，梢端呈丝状而零乱，见图 72。毛形绒是羽绒中主要成分之一，其品质仅次于朵绒，只是具有柔软的羽茎，轻柔度差于朵绒。

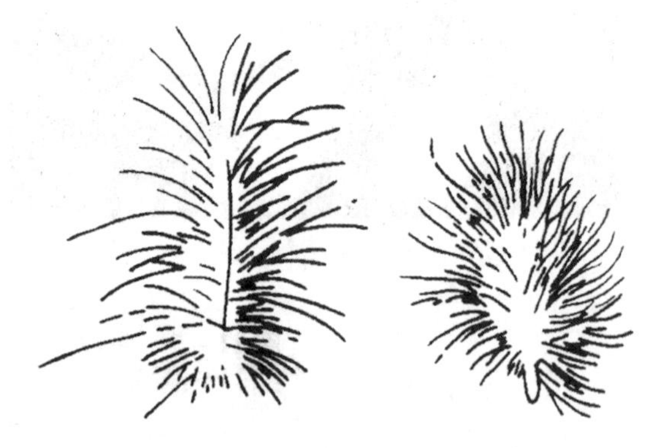

图 72　毛形绒的形态

5. 部分绒

部分绒是指一个绒核放射出两根以上的绒丝，并连接在一起的绒羽。部分绒的形成，有的是自然生长而成，有的是在拔毛过程中从朵绒上脱落下来造成的。部分绒品质较差，应尽量减少其在羽绒中的含量。

6. 劣质毛绒

生产上常见有以下几种劣质羽绒，会造成羽绒的整体品质的下降，应尽量减少或避免出现。

（1）黑头　指白色羽绒中的异色毛绒。黑头混入白色羽绒中将大大降低羽绒质量和货价。出口规定，在白色羽绒中黑头不得超过 2%，故拔毛时黑头要单独存放，不能与白色羽绒混装。

（2）飞丝　即每个绒朵上被拔断了的绒丝。出口规定，飞丝含量不得超过 10%，故飞丝率是衡量羽绒质量的重要指标。

（3）未成熟绒子　指绒羽的羽管内虽已没有血液，但绒朵尚未长成，绒丝呈放射状开放。未成熟绒子手触无蓬松感，质量低于纯绒，影响售价，不宜急于拔取。

（4）血管毛　指没有成熟或完全成熟的鹅毛，在鹅活体拔毛过程中，遇到血管毛要避而不拔。大量血管毛存在则表明鹅羽毛还没有成熟，应推迟屠宰时间或拔毛时间。

（三）鹅羽绒的收集方法

1. 水烫法

水烫法也称浸烫法、烫褪法。鹅宰杀放血完全后，立即放入70℃左右的热水中浸烫50～60秒，取出后按右翅→肩头→左翅→背部→腹部→尾部→颈部的顺序去毛，要求大小毛都要除干净，且不能破皮，以免影响光鹅质量。这是一种传统的拔毛方法，胴体无余血，体表白净美观，肉品质好，但需注意应及时将羽绒晾晒或烘干，并采取适当的保存方法，以防羽毛变黄，甚至发霉变质，而降低或失去其经济价值。

2. 干拔法

干拔法是提高羽绒价值的一种方法。利用宰杀后鹅体还有余温时，采用活拔羽毛的操作方法，按羽绒结构分类和用途分别拔取存放。否则，体温下降后，毛孔紧缩，毛就不容易拔下来。干拔时，要先将绒型羽和绒羽拔下，再拔翅翼及尾部的尾羽和主、副翼羽，拔尾羽和主、副翼羽时可用热水烫后再拔，可以分别放置。应用这种方法拔下来的羽绒，未经浸烫，色泽光洁，保持原有羽型，杂质少，质量较好，但是拔羽绒效率较低，也不易拔干净。据有关部门测定，12月龄皖西白鹅春季屠宰干拔的结果是，每只鹅平均产羽绒量占体重的6.34%，为285克，其中胸、腹、背、腿和颈部分别占羽绒总量的18.07%、10.56%、24.37%、4.68%和12.82%，其重量依次为51.63克、30.18克、69.63克、13.38克和36.63克，背、胸部的羽绒产量较多，腿部较少。皖西白鹅绒的比例（包括绒朵和绒占2/3以上的绒片）为全部羽绒量的16.58%，约47克，胸、腹、背和腿等部位的绒羽比例分别为25.05%、25.17%、24.99%和25.54%。

3. 蒸拔法

将宰杀沥血后的鹅体放在蒸笼上，蒸1～2分后进行拔毛，是近几年来人们为提高羽绒的利用价值而采取的一种方法。按羽绒结构分类和用途采集羽绒，可先拔双翅大翎羽，再拔全身片毛，最后拔取绒羽。此后再用水烫法清除全身的毛茬及余羽。蒸时鹅体在蒸笼里单摆平放、不能贴在锅边上，还要掌握好蒸汽火候和时间，蒸1分左右时打开笼屉盖，将鹅体翻个儿并试拔翅上大翎，如顺利拔下，可拔取，否则再蒸一会儿。应用这种方法拔毛，羽毛中的绒羽不会流失，不易混杂，还可避免外界杂质混进，但是高温对羽绒质量有不良影响。

如蒸的时间掌握不好，鹅皮肤被蒸熟后容易被撕破，影响质量。在鹅数量较少时可应用。

四、鹅肥肝安全生产技术

（一）肥肝鹅的预饲期饲养

1. 饲养方式的改变

肥肝鹅进入预饲期后，要逐渐缩短放牧时间，改为在舍内和运动场补饲青粗饲料和精饲料。1 周以后停止放牧，完全转为舍饲。

2. 饲料配合

预饲期要逐渐减少青粗饲料的喂量，逐渐增加精饲料的喂量。精饲料的配方为：玉米 60%，麸皮 15%，豆粕 18%，花生粕 5%，骨粉 2%。拌湿后让鹅自由采食。当采食量达每天 250 ～ 300 克时，体重增加 10%，转为填饲期。预饲期一般为 7 ～ 10 天。

3. 免疫驱虫

填饲前 1 周，接种禽霍乱菌苗，每只鹅肌内注射 1 毫升；用硫双二氯酚驱除体内寄生虫，每千克体重用药 200 毫克。

（二）肥肝鹅的填饲

1. 饲养方式

填肥鹅最普遍的饲养方式为平养，鹅舍设水泥地面，便于冲洗消毒，冬天天冷时适当铺设垫料，每平方米饲养 3 ～ 4 只。也可采用单笼饲养，笼的尺寸为 500 毫米 ×280 毫米 ×350 毫米。填喂时，直接将填饲机推至笼前，拉出鹅颈，进行填饲。笼养鹅活动少，易于育肥，鹅肝品质高，但设备费用高。

2. 填饲饲料配制

玉米富含淀粉，是目前世界上普遍采用的填饲饲料。玉米中胆碱含量低，有利于脂肪在肝脏中沉积；玉米的能值高，容易消化吸收，价格低廉。因此，玉米是肥肝生产最理想的饲料原料。玉米的颜色对肥肝的颜色有直接的影响。一般黄玉米优于白玉米，用黄玉米填饲的肥肝呈黄色，白玉米填饲的肥肝呈粉红色。填饲的玉米要用水煮或浸泡或炒熟。一般用水煮的玉米其填饲效果较好。配制的具体方法是把玉米粒放入锅内加水，水面超过玉米 5 ～ 6 厘米，烧开后再煮 5 ～ 10 分即可。捞出适温后加入 2%的油脂和 1%～ 1.5%的食盐，每 100 千克加入 10 克复合维生素。搅拌均匀后即可进行填饲。填料要求不冷不热，以不烫手为宜，设水槽与沙槽自由饮水，自由采食沙粒。

3. 填饲机器

填饲机是肥肝生产过程中进行强制育肥的一种重要工具，目前国内外多采用螺旋式出料机器填饲。填饲机根据主要工作部件的结构分为立式和卧式两种。主要有上海松江区、无锡市农科所、中国农业科学院仪器厂生产的仿法式填饲机；中国农业大学研制的Ⅰ、Ⅱ、Ⅲ型填饲机，其中Ⅲ型为卧式(图 73)，其余为立式(图 74)。喂料管口径，外径 20 ～ 22 毫米，内径 18 ～ 20 毫米。每分出料量为 1.4 ～ 2.0 千克。

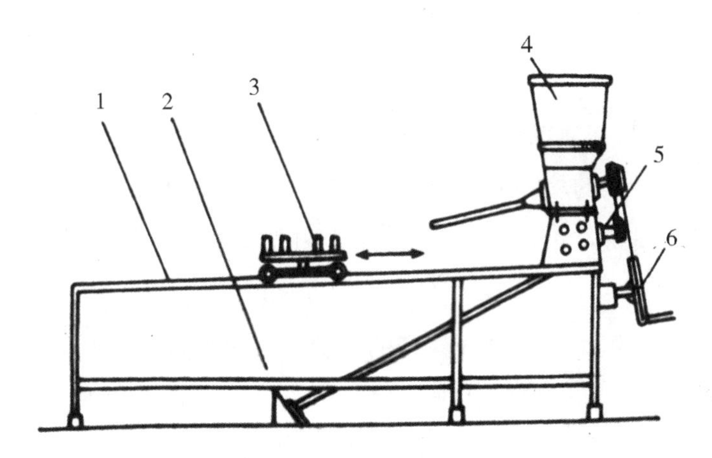

1. 机架 2. 脚踏开关 3. 固禽器 4. 饲喂漏斗 5. 电动机 6. 手摇皮带轮

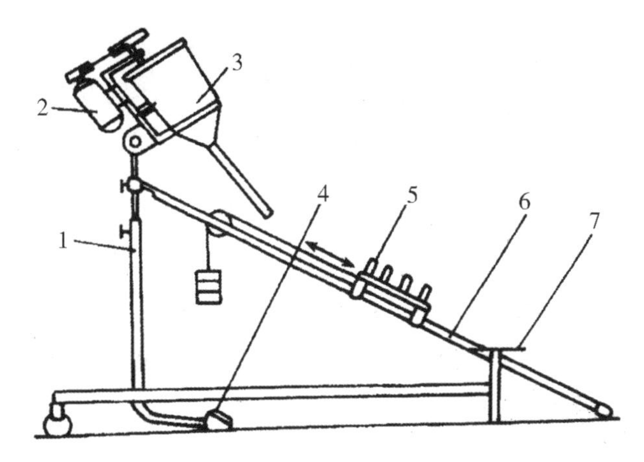

图 74 立式填饲机

1. 机架 2. 电动机 3. 饲喂机构 4. 脚踏开关 5. 固禽器 6. 滑道 7. 坐凳

4. 填饲方法

填饲的方法有两种。一种是传统的手工填饲法，另一种是采用电动螺旋推进器填食机填饲。一般填饲机使用较为普遍，填饲均需两人操作，具体步骤如下:①检查填饲机运转是否正常，出料是否畅通，填饲管外涂抹食用油，使其润滑，便于伸入鹅食管。②助手抓鹅体保定，填饲员一手抓住鹅头，用拇指和食指打开鹅嘴，另一手食指伸入口腔，压住舌根部向外拉舌，使鹅嘴尽量张开。然后向上拉鹅头，渐渐套入喂料管，喂料管通过咽部时要特别小心，如遇阻力说明角度不对，应退出重套。将喂料管前端一直送到食管扩大部的上方。③喂料管插入后，填饲员踩动开关，边填边退出喂料管，玉米填到距喉头 5 厘米处为止，关闭机器，全部退出喂料管。④填饲后将鹅放开进行观察，如鹅表现精神愉快，展翅饮水，说明填饲正常。如出现用力甩头，将玉米吐出，说明填饲距喉头太近。

5. 填饲期长短与填饲量的控制

（1）填饲期　鹅的填饲期一般为 3 ～ 4 周，具体时间长短应根据品种、年龄、体重和个体差异来定。4 周以后体增重和肥肝增重减缓，易出现消化不良现象，应及时屠宰取肝。

（2）填饲量　填饲量是肥肝生产的关键，直接影响到肥肝的生产效果。填饲量应由少到多，第一周每天填喂 0.4 ～ 0.6 千克，每天填喂 2 次，时间为上午 7 点半至 8 点和晚上 7 点半至 8 点；第二周每天填喂 0.75 ～ 0.9 千克，每天填喂 3 次，时间为早上 6 ～ 7 点、下午 1 点至 2 点半和晚上 8 点至 9 点半；第三周以后，每天填喂 1.0 ～ 1.5 千克，每天填喂 4 次，时间为早上 7 点、下午 1 点、晚上 7 点和凌晨 1 点。为保证合适的填饲量，每次填饲前应先用手触摸鹅的食管膨大部，如已空，说明消化良好，可适当增加填饲量；如仍有饲料积蓄，说明填饲过量，要适当减少填饲量。经常出现消化不良的鹅要尽早屠宰取肝。

6. 填饲期管理

饲养密度以每平方米 3 ～ 4 只，每个小群 20 ～ 30 只为宜。最好能网养或圈养，应注意保持鹅圈舍内干燥、通风良好、温度适宜。若发生消化不良时，每只鹅可喂服乳酶生 1 ～ 2 片，同时供足清洁的饮水。

（三）肥肝鹅的屠宰、取肝及肥肝的包装和贮存

1. 屠宰期的确定

肥肝鹅不能确定统一的屠宰期，个体不同，屠宰期不同，要做到适时屠宰。肥肝鹅填饲期一般为 3 ～ 4 周，具体肥肝鹅何时屠宰，主要看鹅的外观表现。如出现前胸下垂，行走困难，呼吸急促，眼睛凹陷，羽毛湿乱，精神萎靡，这时消化机能下降，应及时屠宰取肝。无此现象者，可继续填饲。

2. 屠宰取肝方法

（1）就近屠宰　肥肝鹅填饲结束后肝脏增大数倍，不能进行长途运输，否则会造成肝破裂而死亡。因此，最好就地、就近屠宰。

（2）宰前禁食　宰前要禁食 8 ～ 12 小时，但要供给充足的饮水，以便放血充分，尽量排净肝脏瘀血，以保证肥肝的质量。

（3）放血　宰杀时，抓住鹅的两腿，倒挂在宰杀架上，使鹅头部朝下，采用人工小心割断气管和血管的方式放血。悬挂 10 分，使肝脏放血良好，避免肝脏形成血斑。

（4）烫毛　烫毛时，水温控制在 65 ～ 73℃，时间 3 ～ 5 分。水温过高、过长，鹅皮容易破损，严重时可影响肥肝的质量；水温太低又不易拔毛。鹅体应受热均匀。

（5）脱毛　使用脱毛机脱毛容易损坏肥肝，需采用手工拔毛。拔毛时将鹅体放在桌子上，趁热先将鹅胫、蹼和嘴上的表皮打去，然后左手固定鹅体，右手依次拔翅羽、背尾羽、颈羽和胸腹部羽毛。然后将鹅体放入水池中洗净。不易拔净的绒毛，可用酒精灯火焰燎除。拔毛时不要碰撞腹部，也不要将鹅体堆压，以免损伤肥肝。拔毛时动作要轻，防止肝破裂。

（6）冷却　拔毛后，将刚褪毛的鹅体平放在特制的金属架上，背部向下，腹部朝上，放入冷库中 0 ～ 4℃冷却 6 ～ 10 小时。冷却后鹅体干燥，脂肪凝结，内脏变硬而又不冻结才便于取肝，保证肥肝的完整性。

（7）取肝　将冷却后的鹅体放置在操作台上，腹部向上，尾部朝操作者。用刀从龙骨前端沿龙骨脊左侧向龙骨后端划破皮脂，然后用刀从龙骨后端向肛门处沿腹中线割开皮脂和腹膜。从裸露胸骨处，用外科骨钳或大剪刀从龙骨后端沿龙骨脊向前剪开胸骨，打开胸腔，使内脏暴露。胸腔打开以后，将肥肝与其他脏器分离，小心剪去胆囊。取肝时要特别小心。操作时不能划破肥肝，分

离时不能划破胆囊，以保持肝的完整。如果不慎将胆囊碰破，应立即用水将肥肝上的胆汁冲洗干净。

(8)修整　取出的肥肝应适当进行整修处理，用小刀除去附在肝上的神经纤维、结缔组织、残留脂肪和胆囊下的绿色渗出物，切除肝上的瘀血、出血斑和破损部分。

(9)漂洗　修整后的肥肝放在 1% 盐水中漂洗 5 ～ 10 分。

(10)鹅肥肝保鲜工艺　先将洗净的鲜鹅肝放入盐水中浸泡，再用二氧化碳或氮气等惰性气体充气，最后包装放置 2℃左右贮藏，即可保鲜。也可把分级后的肥肝放在 -28℃条件下速冻，包装后放在－ 20 ～－ 18℃条件下，可保藏 2 ～ 3 个月。

（四）鹅肥肝等级的划分

鹅肥肝可根据重量和感官评定来分级。一般的重量分级是重量越大，级别越高，但最大不超过 900 克，700 ～ 800 克为最佳肝重。肥肝色泽要求为浅黄色或粉红色，内外无斑痕，色泽一致；组织结构，应表面光滑，质地有弹性，软硬适中，无病变。好的肥肝无异味，熟肥肝有独特的芳香味。鹅肥肝的质量主要依靠重量和感官来进行评定，分级标准见表 59。

表 59　鹅肥肝的分级标准

项目	特级	一级	二级	三级	级外
重量(克)	600 ~ 900	350 ~ 600	250 ~ 350	150 ~ 250	150 以下
色泽	浅黄或粉红	浅黄或粉红	可较深	较深	暗红
血斑	无	无	允许少量		
形状与结构	良好无损伤	良好	一般		